돌파하는 과학

돌파하는 과학

불확실한 세상에서
끝내 답을 찾는 과학의 힘

용문중 지음

SCIENCE
BREAKTHROUGHS

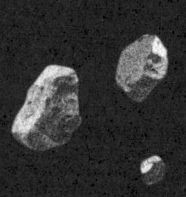

더퀘스트

돌파하는 과학

초판 발행 · 2024년 10월 25일

지은이 · 용문중
감수 · 권석준
발행인 · 이종원
발행처 · (주)도서출판 길벗
브랜드 · 더퀘스트
출판사 등록일 · 1990년 12월 24일
주소 · 서울시 마포구 월드컵로 10길 56(서교동)
대표전화 · 02)332-0931 | **팩스** · 02)323-0586
홈페이지 · www.gilbut.co.kr | **이메일** · gilbut@gilbut.co.kr
대량구매 및 납품 문의 · 02) 330-9708

기획 및 책임편집 · 이민주(ellie09@gilbut.co.kr), 박윤조 | **편집** · 안아람 | **제작** · 이준호, 손일순, 이진혁
마케팅 · 정경원, 김선영, 정지연, 이지원, 이지현 | **유통혁신팀** · 한준희 | **영업관리** · 김명자, 심선숙
독자지원 · 윤정아

디자인 · 위드텍스트 | **전산편집** · P.E.N. | **교정교열** · 허유진 | **삽화** · 이상경 | **CTP 출력 및 인쇄, 제본** · 정민

- 더퀘스트는 ㈜도서출판 길벗의 인문교양 · 비즈니스 단행본 브랜드입니다.
- 잘못 만든 책은 구입한 서점에서 바꿔 드립니다.
- 이 책에 실린 모든 내용, 디자인, 이미지, 편집 구성의 저작권은 (주)도서출판 길벗(더퀘스트)과 지은이에게 있습니다.
  허락 없이 복제하거나 다른 매체에 실을 수 없습니다.

ISBN 979-11-407-1111-6 03400
(길벗 도서번호 040259)

값 19,000원

독자의 1초까지 아껴주는 길벗출판사

(주)도서출판 길벗 | IT교육서, IT단행본, 경제경영서, 어학&실용서, 인문교양서, 자녀교육서 **www.gilbut.co.kr**
길벗스쿨 | 국어학습, 수학학습, 어린이교양, 주니어 어학학습, 학습단행본 **www.gilbutschool.co.kr**

페이스북 **www.facebook.com/thequestzigy**
네이버 포스트 **post.naver.com/thequestbook**

들어가며

결국 답을 찾는 힘

스마트폰 어플만 있으면 '맛집' 앞에서 직접 줄을 서지 않아도 되고, 영화조차 요약영상으로 간편하게 시청하는 시대입니다. 이제는 모르는 게 생기면 검색할 필요도 없습니다. 챗GPT에게 단어 몇 개만 주면 곧장 답을 얻을 수 있으니까요. 살면서 마주하는 모든 문제를 이토록 쉽고 빠르게 해결할 수 있다면 얼마나 좋을까요?

그런데 정작 이 모든 혁신을 이끈 과학은 2,000년이 넘는 시간 동안 실패와 좌절을 거듭했습니다. 느닷없이 등장한 새로운 관측 자료 때문에 공들여 정리한 이론이 무용지물이 되기도 하고, 통념에 맞서는 이론을 발표한 과학자가 이단으로 몰리기도 했죠. 그럼에도 진리에 가까워지고자 하는 과학적 호기심 덕분에 인간은 미지의 세계를 탐구하고, 불가능에 맞서고, 물음표만 가득했던 곳에서 끝내 답을 찾아냈습니다.

과학은 총 5번의 대전환을 거쳐 낡은 틀을 부수고 새로운 세계로 나아갔습니다. 우선 고대 그리스에서는 최초의 과학적 질문이 시작됐습니다. '세상은 무엇으로 이루어져 있는지'에 관한 합리적 설명을 탐구하면서 오늘날의 역학, 생물학, 화학, 천문학, 의학의 전신이 탄생했죠. 그런데 중세로 들어서면서 이제 막 동이 트던 과학연구가 빠르게 암흑기를 맞이했습니다. 그러나 종교와 천동설이 주류였던 이 시기에도 있는 그대로의 자연을 관측하고 기록한 용감한 학자들이 존재했습니다.

마침내 14세기 르네상스가 시작되면서 과학은 종교의 그늘을 벗어나 맹렬하게 질주하기 시작했습니다. 과학혁명과 고전역학의 정립을 통해 근대과학의 기틀을 다졌고 증기기관, 주기율표, 진화론, 전자기학의 발견 등 전무후무한 지적 성취를 이룩했습니다. 과학은 '우리는 어디에서 왔으며 세계는 무엇으로 이루어져 있는가' 라는 오래된 질문에 답을 제시한 듯 보였습니다. 그야말로 영광의 시대였죠.

19세기 말, 과학자들은 이제 인간이 모든 진리를 정복했다고 자신했습니다. 그러나 오만함은 오래가지 못했습니다. 빛의 이중성, 자외선파탄을 비롯해 새롭게 관찰된 자연현상은 학계를 뒤흔들었고, 근대과학을 뛰어넘는 새로운 상상력이 필요해졌습니다. 이 과정에서 양자역학과 상대성이론이 등장했고, 생물의 기본 언어인 DNA를 발견했으며, 우주가 팽창한다는 사실까지 밝혀냈습니다. 모든 것이 흔들리던 혼돈의 시대였지만 과학에는 오히려 도약의 기회가 되었던 것이지요. 지금 이 순간에도 나노과학, AI기술, 양자 컴퓨터, 분자생물학 같은 첨단과학은 불가능에 도전하고 있습니다.

빠르게 변하고 점점 복잡해지는 과학을 공부한다는 것은 어떤 의미가 있을까요? 우리가 과학을 배울 때 가장 중요한 것은 개별적인 지식과 개념이 아니라, 과학이 돌파구를 찾아내는 방식 자체일지도 모릅니다. 다시 말해 과학이 어떻게 질문을 통해 진화하고, 기존 지식에 도전하며, 궁극적으로 세상에 관한 우리의 이해를 넓히는지를 살펴보는 것이죠.

과학의 본질은 여정이라는 점에서 우리의 삶과 닮아 있습니다. 시험문제 풀듯이 한 번에 답을 찾을 순 없지만, 한 걸음 한 걸음 내딛다 보면 어느 새 진리에 가까워져 있지요. 미련할 만큼 통념에 도전하고 자신이 믿는 진리를 추구했던 역사 속 과학자들을 돌아보다 보면, 언젠가부터 마음 깊이 묻어뒀던 호기심을 들춰내게 되고, 멈추지 않는 한 반드시 답을 찾게 된다는 용기를 얻습니다. 끝없이 질문하고 탐구하는 태도를 끌어안고, 격변의 순간을 돌파해온 과학의 여정을 지금부터 따라가봅시다.

차례

들어가며: 결국 답을 찾는 힘   5

1부
복잡한 세상을 꿰뚫는 질문
과학의 여명

1장   최초의 탐구: 고대 그리스와 자연철학   17
과학은 어디에서 탄생했을까? 18 | 과학의 아버지 탈레스 20
세상은 무엇으로 이루어져 있는가 22 | 숫자로 바라본 세계 25

2장   생각의 탄생: 아리스토텔레스   29
진리를 꿈꾼 고대 그리스 철학자들 30 | 거의 모든 지식의 개척자 33

3장   무기가 되는 지혜: 로마 시대와 실용과학   39
헬레니즘 문명과 실용주의 40 | 논밭의 크기를 어떻게 잴 것인가 42
복잡한 우주에 원 하나만 더하면 45 | 인간의 힘으로 질병을 치료하다 48

2부
신의 질서에 도전하다
중세부터 과학혁명까지

1장 더 합리적인 설명을 찾아서: 연역법 대 귀납법   55

직접 관찰한 현실에서 출발하라 56 | 천장에 붙은 파리의 위치를 설명하는 방법 58
베이컨과 데카르트가 과학자가 아닌 철학자로 불리는 이유 59

2장 우주의 중심을 둘러싼 싸움: 코페르니쿠스의 과학혁명   61

신의 질서는 단순하다 62 | 지구가 우주의 중심에서 물러나다 64

3장 천상의 법칙을 밝혀낸 인간: 브라헤의 관측과 케플러의 탐구   69

하늘에 새로운 별이 뜨다 70 | 별의 움직임을 풀이하는 한 줄의 방정식 72

4장 언제나 진실만을 좇아서: 최초의 근대과학자 갈릴레오 갈릴레이   77

그래도 지구는 돈다 78 | 떨어지는 공에 숨은 운동법칙 81

5장 혁명을 완성하다: 뉴턴의 물리학   87

가장 위대한 과학자 88 | 왜 달은 지구로 떨어지지 않는가 89
고전역학: 지상과 천상을 통합하다 91 | 신이 '뉴턴이 있으라'고 말씀하시매 93

3부
정복을 꿈꾸다
격변을 이끈 근대과학

1장 에너지 혁명: 산업혁명과 증기기관   101

세상을 바꾼 엔진 102 | 열이란 무엇인가 104
뜨거운 물체는 왜 항상 차가워질까? 106 | 우주 어디에서든 통하는 법칙 109

2장 **물질의 신비를 풀다**: 플로지스톤부터 주기율표까지　113

　　2,000년 넘게 던진 질문　114 | 불타는 수수께끼　115 | 화학의 기초를 세우다　118
　　최선의 이론을 위한 집요한 탐구　119 | 연금술의 꿈이 실현되다　123
　　미지의 원소를 찾는 마법 지도　125 | 인류의 구원자이자 파괴자　129

3장 **우리는 어디서 왔나?**: 진화론과 멘델의 유전법칙　133

　　비글호에 오르다　134 | 진화론의 탄생　137 | 살아남은 것은 우수하다는 오해　142
　　완두콩에서 발견한 유전법칙　144

4장 **빛을 손에 넣다**: 전자기학의 발전　149

　　번개와 개구리 뒷다리의 공통점　150 | 하나씩 밝혀진 전기의 정체　154
　　전자기학의 개척자가 된 서점 직원　158 | 마침내 빛까지 통합하다　161

4부
한계 너머
현대과학의 새로운 지평

1장 **모든 것이 무너지다**: 미궁에 빠진 고전물리학　169

　　현대물리학은 왜 어려울까?　170 | 미지의 광선　172 | 가장 위험한 빛　174
　　난제 1. 대체 원자는 어떤 구조를 갖는가?　177
　　난제 2. 빛과 에너지의 관계를 어떻게 설명할 것인가?　181

2장 **다 알 수는 없다**: 양자역학의 부상　185

　　파탄 난 고전역학　186 | 불연속성과 불확정성　191 | 일단 그런 것으로 해두자　197

3장 **시공간이 휘어지다**: 아인슈타인의 이론과 거시세계 물리학　199

　　좀더 골치 아프게 시간여행 하는 법　200
　　빛의 속도는 일정하다: 특수상대성이론　201
　　시공간을 휘게 하는 힘: 일반상대성이론　207 | 13억 광년을 건너온 파동　211

4장 **창조자의 자리를 넘보다**: 현대생물학의 발전   215

    생물학의 아주 짧은 역사 216 | 무엇이 우리를 살아 있게 하는가 217
    유전정보의 저장소 220 | DNA 구조를 밝혀내다 222
    인간 게놈 프로젝트, 생명의 지도를 찾아서 224 | 생명을 마음대로 편집할 수 있다면 226

5장 **우주의 기원**: 빅뱅 이론과 우주 팽창   233

    우주에서 온 신호 234 | 별빛이 모두 꺼지면 240

5부
가보지 않은 길
불가능에 도전하는 과학의 최전선

1장 **보이지 않는 것을 예측하라**: 나노기술과 입자물리학   247

    원자보다 작은 세계: 전자현미경 기술 248 | 분자로 만든 로봇 252
    더 촘촘한 시간으로 보다: 방사광가속기의 탄생 255

2장 **패턴을 파악하라**: AI기술이 밝히는 인간 지능의 비밀   261

    아주 커다란 계산기 262 | 인간의 뇌를 모방하다 264 | AI가 완벽하다는 착각 266
    이론상 가장 뛰어난 컴퓨터 269 | 컴퓨터에 들어간 슈뢰딩거의 고양이 270
    특이점은 올 것인가 273

3장 **신의 입자**: 현대물리학의 첫 번째 도전   277

    원자보다 더 작은 세계로 278 | 우주를 이루는 입자 281 | 암흑 너머의 진리 285

4장 **정말 다 알 수 없는가**: 현대물리학의 두 번째 도전   291

    아주아주 큰 세계와 아주아주 작은 세계 292 | 과학자들의 꿈, 모든 것의 이론 296

    나가며: 내일로 나아가기 위한 과학적 태도   299
    주석   301

복잡한 세상을
꿰뚫는 질문

과학의 여명

1부

세상의 원리를 이해하는 일은 자연과학의 오랜 목표였습니다. 약 2,600년 전, '과학의 아버지'라 불리는 탈레스Thales(기원전 625년~기원전 547년)가 등장하기 전부터 사람들은 신적 존재를 통해 자신들의 기원과 자연을 이해하기 위해 노력했습니다. 민족마다 전해지는 신화를 살펴보면 당시 사람들의 세계관을 알 수 있습니다. 예를 들어 우리나라 단군설화 속 환웅과 웅녀 이야기에는 '어떻게 한민족이 세상에 존재하게 되었는가?'에 관한 답이 담겨 있습니다.

    과학의 발상지인 그리스 신화의 독특한 점은 자연이나 신을 다면적인 인간과 유사한 존재로 상상했다는 점입니다. 예를 들어 그리스 신화에서는 겨울에 농작물이 자라지 않는 이유를 농사의 신 '데메테르'가 저승으로 납치된 딸을 되찾기 위해 겨울에 자리를 비우기 때문이라고 설명합니다. 신적 존재가 무언가를 욕망하거나 자리를 비운다는 개념 자체가 일반적인 신의 완전성과 사뭇 멀어 보입니다. 그렇지만 바로 이 인간중심성 덕분에 그리스 신화는 더욱 사실적으로 느껴집니다. 초등학교 시절에 이 이야기를 읽고 진짜라고 믿었던 기억도 있으니 말입니다. 아무튼 이처럼 그리스인들은 신화를 통해 '자연이 어떻게 행동하는가'를 이해하고 미래를 예측하려고 했습니다.

    헤시오도스Hesiodos(기원전 740년~기원전 670년)는 그리스 신화를 체계적으로 정리한 인물입니다. 그가 남긴 《신들의 계보Theogonia》에는 오늘날 잘 알려진 올림포스의 12신 이야기뿐 아니라 태초 우주의 탄생 원리까지 담겨 있습니다.

특히 헤시오도스는 자연을 가이아(물질)와 에로스(힘)의 합으로 파악했는데, 이러한 신화적 관점과 현대과학 사이의 유사성이 매우 흥미롭습니다. 일본의 현대과학자 나카야 우키치로中谷 宇吉郞(1900년~1962년)는 "현대과학은 자연계의 실상을 물질과 에너지의 합으로 파악한다"[1]라고 적었습니다. 이 문장을 헤시오도스에게 적용해 "그리스 신화는 자연을 가이아와 에로스의 합으로 파악한다"라고 바꿔 말해도 전혀 어색하지 않습니다. 물론 현대과학에서 물질과 에너지를 의인화하지는 않지만, 헤시오도스는 '세상은 무엇인가'라는 질문에 대해 '세상을 이루는 물질'과 '물질 사이 힘'이라는 분류를 통해 답하려 했다는 점에서 자연의 본질을 정확하게 꿰뚫어 본 인물입니다. 놀랍지 않나요? 그러나 그리스 사람들은 헤시오도스의 신화만으로 만족하지 않고 자연을 설명할 다른 방법을 찾아나섰습니다.

1장

최초의 탐구

고대 그리스와 자연철학

과학은 어디에서 탄생했을까?

오늘날에는 점점 많은 분야에 '과학'이라는 수식어가 붙습니다. 공부나 운동뿐 아니라 연애에도 '과학'이란 말이 붙으면 그럴듯해 보이지요. 그런데 문득 이런 질문이 떠오릅니다. 과학이란 무엇일까요? 물리학, 생물학, 화학은 어렴풋하게나마 뜻이 떠오르지만 정작 이 모두를 포함하는 과학이 무엇인지는 쉽게 생각나지 않습니다.

과학科學은 '과科에 대한 학문學'으로, 한자를 풀어봐도 뜻이 명료하지 않습니다. 서양에서는 science가 14세기 중반까지 일반적인 '지식'의 의미로 쓰였습니다. 그러다가 17세기 과학혁명을 거치면서 '경험적 방법(관찰, 실험 등)을 통해 입증된 지식'으로 그 뜻이 한정되며 점차 근대과학으로 옮아갔죠.[2] 오늘날 과학은 '경험적 방법론을 통해 체계적인 지식을 만드는 학문'으로 정의할 수 있습니다.

과학이라는 단어가 17세기에 탄생했다는 점을 고려하면 진정한 의미의 '과학자'는 생각보다 늦게 출현했습니다. 그전까지 활동한 학자들은 엄밀히 말해 과학자보다는 자연을 탐구한 철학자에 더 가까웠습니다. 따라서 일반적으로 과학사에서 이야기하는 '최초의 과학자'는 사실 '최초의 자연철학자'라고 부르는 게 맞지요.

최초의 과학자 또는 자연철학자가 고대 그리스 문명에서 등장했다는 것에는 대개 이견이 없습니다. 그런데 이집트 문명이나 메소포타미아 문명처럼 그리스보다 앞서 등장한 문명에는 과학이 없었을까요? 이집트 문명에서는 나름의 방법으로 나일강 범람을 예측하거나 정교한 계산을 통해 거대한 피라미드를 지었고, 티그리스강 유역에서 발전한 메소포타미아 문명에서는 세계 최초로 문자를 만들었으며 60진법을 써서 다양한 계산을 해냈습니다. 그러나 이 두 문명에서 과학이 탄생했다고 보지는 않습니다. 자연을 '관찰'하기는 했지만 체계적인 '인과관계'를 도출하지는 못했기 때문입니다. 다시 말해 자연을 관찰하면서 단편적인 지식을 얻고 활용하기는 했지만 자연이 무엇으로 이루어졌는지, 자연이 어떤 원리로 움직이는지에 관한 탐구로 나아가지는 않았죠. 따라서 과학적 활용력은 뛰어났지만 과학이론은 크게 발전하지 않았습니다.

다른 문명과 달리 그리스에서 과학이 탄생할 수 있었던 이유로는 독특한 지형을 꼽을 수 있습니다. 그리스땅은 주위에 큰 강이 없고 산지가 많아 농사를 짓기 어려웠습니다. 그리스 사람들은 생계를 위해 농사 대신 교역을 택할 수밖에 없었습니다. 그러면서 상인들에게서 이집트와 메소포타미아의 다양한 지식과 기술을 얻었고, 많은 사람이 교류하고 토론하는 과정에서 자연스럽게 새로운 관념이 생겨나곤 했습니다.

과학의 아버지 탈레스

① 탈레스의 초상화

그리스 사람들은 기본적으로 우주에 질서가 있다고 믿었습니다. 우주(코스모스)는 규칙적인 운행을 반복하는 세계로, 과거·현재·미래 모두 동일하게 유지되는 하나의 필연적 질서가 존재한다고 생각했지요. 또한 자연철학자가 등장하기 전까지는 신들이 우주, 시간, 태양, 하늘 같은 자연에 존재하면서 섭리를 지배한다고 믿었습니다. 초자연적 존재가 자연을 다스린다는 관점이었지요.

　기원전 7세기, 이오니아 지방에 최초의 '자연철학자'가 등장했습니다. 자연철학자들은 초자연적 존재 없이도 자연현상을 설명할 수 있는 이론을 제시하며 그 옳고 그름을 따지기 시작했습니다. 신화에서 과학으로 생각하는 방식이 변화하게 된 것이죠.

대표적인 자연철학자인 탈레스는 '과학의 아버지'라고 불립니다. 탈레스는 '우주의 근원 물질은 무엇인가'라는 질문에 '물'이라는 간단한 대답을 제시하면서 자연을 체계적으로 설명하려고 했습니다. 물은 모양이 자유롭게 바뀌고 하늘에서는 구름과 안개로, 땅에서는 얼음과 바다로 변하며 어디에서든 존재합니다. 따라서 자연 만물이 물로 이루어졌다는 발상이 당시로서 무리는 아니었습니다.

탈레스의 위대한 점은 여러 자연현상을 신의 존재를 빼고 설명하려고 시도했다는 것입니다. 예를 들어 당시 그리스 사람들은 지구가 거대한 바다 위에 떠 있으며, 지진은 바다의 신 포세이돈이 분노해 물 위에 떠 있는 지구가 흔들린 결과라고 생각했습니다. 반면 탈레스는 지진이 발생하는 힘의 원천은 포세이돈이 아니라 물의 흔들림일 뿐이라고 주장했습니다.

보통 철학자라고 하면 부와 거리가 멀어 보이지만 탈레스는 자연을 관찰하여 막대한 재산을 쌓았습니다. 올리브 농사를 관찰하며 흉년인 해 다음에는 풍년이 온다는 주기를 알아냈고, 흉년에 올리브 착즙기를 싼값에 사서 풍년에 되팔아 돈을 쓸어 모았습니다. 또한 탈레스는 정전기를 최초로 발견하고 기록한 인물이기도 합니다. 호박석에 종이나 털이 당겨지는 모습을 보고 둘 사이에 보이지 않는 힘이 존재한다고 기록했지요. 탈레스가 현대에 태어났다면 토머스 에디슨Thomas Edison(1847년~1931년)처럼 전기 산업의 거장이 되었을지도 모릅니다.

세상은 무엇으로 이루어져 있는가

그런데 탈레스의 주장을 듣다 보면 의문이 생깁니다. 정말로 세상이 물로 이루어졌을까요? 비슷한 의문을 품은 그리스인들은 더 나아가 '세상 만물이 변하는 원리는 무엇인가'를 탐구하거나 '정말 세상이 물질로 이루어진 것은 맞는가'라는 대담한 질문을 던지기도 했습니다. 탈레스가 던진 질문이 차츰 풍성해지기 시작했죠.

엠페도클레스Empedocles(기원전 493년~기원전 430년)는 이전 철학자들의 논의를 종합해서 '세상을 이루는 물질은 무엇인가'라는 질문에 '흙, 물, 불, 공기' 4가지 원소를 답으로 제시했습니다. 탈레스의 주장이 가진 한계를 해결하기 위해 물 외에 여러 원소를 추가한 것이지요. 이 4가지 원소는 탄생하거나 없어지지 않는 근원적인 존재로, 원소들이 흩어지거나 뭉쳐지는 과정을 통해 물질이 만들어지거나 소멸됩니다. 현대화학의 관점에서 본다면 물질을 이루는 구성 요소를 분석함으로써 최초의 주기율표를 만든 셈입니다.

다만 엠페도클레스가 원소들이 어떻게 변화하고 물질을 이루는지를 설명하는 방식은 과학보다 시에 가까웠습니다. 원소 사이에 '사랑'이 작용하면 원소끼리 결합해 물질을 이루고 '다툼'이 발생하면 원소들이 멀어져 물질이 해체된다는 개념이었죠. 이때까지도 헤시오도스에게서 유래한 고대 그리스적 관념에서 완전히 벗어나지는 못한 것입니다. 그러나 자연철학자들은 4원소설이 상당히 설득력 있다고 생각했습니다. 이후 플라톤Platon(기원전 424년~기원전 348년)과 아리스토텔레스Aristoteles(기원전 384년~기원전 322년)는 4원소설을 발전시킨 자연관을 제시했고 이는 2,000년이 넘는 오랜 시간 동안 확고한 진리로 여겨졌습니다.

데모크리토스Democritos(기원전 460년~기원전 380년)는 원자atoma가 있다고 주장하며 세상에 관한 다른 관점을 제시했습니다. 현대적인 원자atom 개념의 기원이죠. 그에 따르면 물체를 반으로 계속 자르다 보면 더 이상 자를 수 없는 '원자'가 되고 이 원자가 모여 물질과 세계를 이룹니다. 따라서 세계는 무수히 많은 원자와 원자가 존재하지 않는 빈 공간뿐입니다. 그렇다면 자연에는 어떻게 이토록 다양한 존재가 있을까요? 데모크리토스에 따르면 만물은 원자들의 무작위적인 결합으로 탄생하고, 다시 원자들의 이합집산으로 변화합니다.

데모크리토스의 원자설은 물질의 본질을 설명할 때 신의 존재를 배제합니다. 세계가 원자와 빈 공간뿐이라면 신이 존재할 곳은 없으니까요. 이런 주장은 데모크리토스가 살았던 그리스 시대에는 과감함을 넘어 불경에 가까운 태도였습니다.[3] 한참 뒤에 과학혁명을 이끈 과학자들조차 과학과 신의 존재를 적절히 조화시키기 위해 애썼다는 점을 생각하면 데모크리토스는 아주 대범한 인물임에 틀림없습니다.

아낙시만드로스Anaximandros(기원전 610년~기원전 546년)는 스승 탈레스와 달리 만물이 한 가지 존재로 이루어지지 않았다고 생각했습니다. 정말 만물이 물로만 이루어졌다면 습한 성질만 있는 물이 어떻게 건조한 물질을 만들 수 있는지 의구심이 들었기 때문입니다. 아낙시만드로스는 자연이 물, 불, 공기, 흙 같은 한 가지 존재가 아니라 실체가 정해져 있지 않은 어떤 존재로 이루어져 있다고 주장했습니다.

아낙시만드로스에 따르면 만물은 양적·질적으로 무한한 것, 곧 '아페이론apeiron'의 결합과 소멸을 통해 변화합니다. 태초에 하나였던 아페이론에서 4개의 원초적 대립자인 뜨거운 것(불)과 차가운 것(물), 건조한 것(흙)과 축축한 것(공기)이 탄생했으며, 서로 간의 균형과 대립으로 자연의 만물이 존재한다는 것이지요. 이런 대립자를 통해 우주의 탄생도 설명할 수 있었습니다. 맨 처음 세계가 탄생하며 뜨거운 것과 차가운 것이 나뉘고, 뜨거운 것이 구형의 불꽃이 되었다가 부서지며, 부서진 조각 중 일부는 태양이 되어 뜨거운 성질을 유지하고, 일부는 별이 되어 차가운 성질을 갖게 되죠.

무엇보다 아낙시만드로스는 스승인 탈레스가 탐구한 만물의 '존재 요소'를 넘어서 만물의 '구성 원리'까지 새롭게 탐구했습니다. 다시 말해 그는 만물의 근원이 어떻게 개별 사물로 변하는지 설명하려고 한 최초의 자연철학자입니다.

엠페도클레스, 데모크리토스, 아낙시만드로스 모두 후대 자연철학자들에게 많은 영향을 끼쳤습니다. 그러나 엠페도클레스의 4원소설과 달리 데모크리토스의 원자설이나 아낙시만드로스의 아페이론설은 직관적으로 이해하기 어려웠습니다. 우리는 감각을 통해 세상 속 물질들을 분명하게 느끼는데 정작 물질을 이루는 근본 존재를 느낄 수 없다는 게 모순적으로 느껴졌으니까요. 그러다가 마침내 추상적 존재를 통해 실제 세계를 탁월하게 설명하는 인물이 등장했습니다. 바로 피타고라스Pythagoras(기원전 570년~기원전 495년)입니다.

숫자로 바라본 세계

오늘날 대다수가 수학 공부를 꺼리지만 수학은 중요합니다. 학창 시절 수학이 지루하고 멀게만 느껴졌던 이유는 수학이 추상적이기 때문 아닐까요? 수학을 이루는 요소(갖가지 수식, x, y, z 같은 기호 등)가 모두 추상적인 데다가 수식을 풀어서 답을 얻는 과정이 일상생활과는 동떨어져 보이기 때문입니다.

그렇지만 누구나 한 번쯤 '피타고라스의 정리'는 들어본 기억이 있을 겁니다. 학창 시절 '직각삼각형에서 짧은 두 변의 제곱의 합은 긴 변의 제곱과 같다'라는 피타고라스의 정리를 배우고 나서 처음 들었던 생각은 '그래서?'였습니다. '이 정리가 왜 중요할까, 무슨 의미가 있을까' 하고 고개를 갸웃했죠. 사실 피타고라스가 이 정리를 최초로 알아낸 것은 아닙니다. 메소포타미아, 중국 등 다른 문명에서도 원리 자체는 알고 있었죠. 그럼에도 이 정리에 그의 이름이 붙어 지금까지 전해지는 이유는 무엇일까요?

피타고라스는 세상을 숫자로 바라보는 새로운 관점을 제시한 철학자입니다. 피타고라스가 무엇 때문에 이런 관점을 얻었는지 명확하게 알려지지는 않았지만 일찍이 고대사회에는 숫자에 마법 같은 힘이 있다는 믿음이 널리 퍼져 있었습니다. 추상적 개념인 숫자를 통해 추상적 힘을 상상할 수 있기 때문이었을까요? 게다가 피타고라스는 이집트와 바빌로니아를 방문해 다양한 문화를 접하고 학문을 배웠다고 전해집니다. 여러 문화권에서 공통적으로 등장하는 숫자의 중요성을 알아보고 세상을 바라보는 관점과 숫자를 연결했을 수도 있겠습니다.

피타고라스의 철학에서 숫자는 관념적 개념일 뿐 아니라 경험적 도구입니다. 피타고라스는 자신의 정리를 통해 실제 삼각형 구조를 만들기도 했죠. 피타고라스 이전에도 이 정리를 만족하는 삼각형이 존재한다는 사실이 알려져 있었음에도 '피타고라스의 정리'라고 부르는 이유가 바로 이것입니다. 이전까지는 일상생활에서 보는 직각삼각형들을 통해 경험적으로 정리를 유추했다면 피타고라스는 반대로 추상적 원리를 통해 직각삼각형을 보편적으로 정의했던 것이죠.

피타고라스에게 숫자를 이용한 수학적 원리와 일상생활은 떨어질 수 없는 관계였습니다. 그는 현악기의 현 길이를 반씩 줄였을 때 나는 소리들이 잘 어울린다는 경험적 사실을 통해 현 길이의 비율에 따라 소리가 달라진다는 원리를 발견했습니다. 이를 계기로 화음의 연속성을 통해 음악을 수학적으로 표현하는 화성학이 탄생했고, 훗날 악보의 발명으로 이어졌습니다.

피타고라스는 더 나아가 자연과 온 우주를 숫자로 설명하는 방법을 제시했습니다. 특히 항상 변하는 자연물과 달리 수학적 원리는 언제나 결과가 동일했는데, 이는 당시 자연에 존재하는 단 하나의 진정한 원리로 여겨졌던 완결성을 닮아 있었습니다. 또한 완벽한 구형인 지구를 중심으로 태양을 비롯한 별들이 완전한 원형 궤도를 이루고 있다는 설명은 신이라는 이상적인 존재를 배제했더라도 기존 그리스인들의 우주관과 꽤 부합했습니다.

자연을 수학으로 설명하는 철학은 이후 수많은 학자에게 영향을 끼쳤습니다. 플라톤도 피타고라스의 수학적 원리를 바탕으로 기하학적 세계관을 남겼으며, 중세부터 근대까지 여러 천문학자가 천체의 움직임을 설명하는 수학적 원리를 제시했죠. 오늘날에도 과학이론은 수학을 빼놓고서는 설명할 수 없습니다. 이러한 사례들은 자연의 많은 부분이 수학적으로 표현 가능하다는 사실을 보여줍니다. 비록 피타고라스의 생각과 달리 만물이 수학으로만 이루어진 것은 아니지만, 수학을 통해 세상을 바라볼 수 있게 했다는 점에서 그가 과학사에 지대한 영향을 끼쳤음은 분명합니다.

덧붙이자면 오늘날 디지털화된 세계는 피타고라스가 꿈꿨던 수학적 세계일지도 모릅니다. 0과 1의 이진법으로 수많은 계산을 해내는 컴퓨터는 가상현실까지 만들고 있죠. 피타고라스가 이런 세계를 봤다면 자신의 상상과는 다른 모습일지라도 수학이 중요하게 인정받는 현실에 기뻐했을지도 모르겠네요.

2장

생각의 탄생

아리스토텔레스

진리를 꿈꾼 고대 그리스 철학자들

100번 듣는 것보다 한 번 보는 게 더 낫다는 말이 있습니다. 때론 위대한 학자들의 업적에 관한 글을 찾아 읽는 것보다 한 폭의 그림에서 더 많은 걸 배우기도 합니다. 르네상스 시대의 거장인 라파엘로 산치오Raffaello Sanzio(1483년~1520년)의 〈아테네 학당Scuola di Atene〉이 대표적인 예입니다. 고대의 위대한 학자들이 한자리에 모인 상상화죠. 그림 중심에 있는 두 사람은 서로 마주보며 각각 하늘과 땅을 가리키고 있는데, 바로 플라톤과 아리스토텔레스입니다.

    플라톤과 아리스토텔레스는 서양 철학사상 가장 중요한 인물로 꼽히며 철학뿐 아니라 자연과학에도 많은 영향을 끼쳤습니다. 과학 교과서 대부분이 아리스토텔레스부터 시작한다는 점은 그의 영향력이 얼마나 대단한지 잘 보여줍니다. 그런 아리스토텔레스의 스승이었던 인물이 바로 플라톤입니다.

    플라톤과 아리스토텔레스가 활동했던 아테네는 고대 그리스 도시국가 중에서도 굉장히 독특했습니다. 같은 시기에 무자비한 군사력으로 유명했던 스파르타와는 대조적으로 철학이라는 지적

② 〈아테네 학당〉(일부) 속 플라톤과 아리스토텔레스
그림의 중앙에서 손가락으로 하늘을 가리키는 인물이 플라톤,
땅을 가리키는 인물이 아리스토텔레스다.

유산을 남겼고, 그런 아테네의 중심에는 소크라테스Socrates(기원전 470년~기원전 399년)가 있었습니다. 한국에서 한때 '테스 형'으로 반짝 인기를 끌었던 소크라테스는 과학사에는 별다른 영향을 끼치지 않았지만 플라톤의 스승이었다는 점에서 플라톤과 아리스토텔레스에게 영향을 끼쳤다고 볼 수 있지요.

당시 아테네에서는 언쟁과 궤변을 통해 실리만 추구하는 소피스트sophist가 철학을 이끌고 있었습니다. 본래 '지혜로운 자'라는 뜻의 소피스트는 '궤변가'로 그 의미가 변질되었고, 이들은 절대적 진리는 없다고 이야기했습니다. 반면 소크라테스는 절대적 진리가 존재한다고 생각했습니다.

소크라테스의 제자였던 플라톤 역시 '이성'을 통해 절대적 진리를 찾을 수 있다고 생각했습니다. 플라톤의 방대한 철학에서 한 가지 핵심은 세상을 현실 세계와 관념 세계, 곧 '이데아idea'로 나누는 '이데아론'입니다. 이데아론에 따르면 감각으로 느낄 수 있는 현실 세계는 끊임없이 변하지만 이데아의 세계는 영원히 존재하고 변하지 않습니다. 이데아의 세계를 모방한 현실 세계는 불완전할 수밖에 없고, 오로지 이데아의 세계에 존재하는 세계만이 완전합니다. 그리고 인간은 이성적 탐구를 통해 이러한 이데아에 도달할 수 있죠. 플라톤은 이데아론을 바탕으로 세계에 대한 보편적 설명을 시도했습니다.

플라톤의 이데아론은 자연철학에도 그대로 적용됩니다. 대표적으로 대화편 Theaetetus 중 《티마이오스 Timaios》에서는 세계와 우주 전체가 정사면체, 정육면체, 정팔면체, 정십이면체, 정이십면체 같은 다면체 도형으로 이루어져 있다고 주장했습니다.[4] 기본 다면체가 결합하거나 분해되면 자연은 변하지만 다면체 자체는 변하지 않습니다. 이는 수학적 설명이기도 한데, 특히 계산으로 세계를 풀이하는 수학적 세계는 이성적 관점과 아주 잘 맞았습니다. 플라톤은 엠페도클레스의 4원소설과 피타고라스의 수학적 세계를 결합한 새로운 설명을 시도한 셈입니다.

거의 모든 지식의 개척자

"서구 역사상 가장 위대한 지성인 중 하나"
- 《브리태니커 백과사전Encyclopædia Britannica》

아리스토텔레스는 '가장 위대한'이라는 수식어가 붙는 학자입니다. 2,500년이 넘는 세월을 거치며 수많은 저서가 소실되었음에도 아직까지 다양한 분야(과학, 형이상학, 논리학, 수사학, 정치학, 윤리학 등)에 걸쳐 방대한 저술이 남아 있는 걸 보면 그 수식어에 고개를 끄덕일 수밖에 없죠.

앞서 〈아테네 학당〉에서 살펴봤듯이 손가락으로 하늘을 가리키는 플라톤은 이상적인 관념 세계에 관심을 가진 반면 땅을 가리키는 아리스토텔레스는 현실 세계에 더 집중했습니다. 플라톤과 마찬가지로 아리스토텔레스의 철학도 보편성을 추구했습니다. 그러나 플라톤이 보편적 지식(이데아론)에서 출발해 구체적 현실을 설명하려고 했다면 아리스토텔레스는 구체적 사례에서 보편적 지식을 찾으려고 했습니다. 다시 말해 아리스토텔레스도 '이데아'가 존재한다는 것에는 동의했지만, 현실 세계에 있는 사물들에 관한 경험적 지식을 재구성함으로써 비로소 '이데아'를 구할 수 있다고 본 것이죠.

아리스토텔레스는 물리학, 생물학, 우주론 등 과학의 거의 모든 분야를 최초로 세분화한 인물이기도 합니다. 그중 몇몇 분야에서는 2,000년이라는 아주 오랜 시간이 지난 뒤에야 아리스토텔레스를 넘어서는 과학적 발견이 나타났죠. 대표적으로 아리스토텔레스는 물리학에서의 운동법칙이나 천문학에서의 우주론에 오랫동안 지대한 영향력을 끼쳤습니다. 따라서 아리스토텔레스는 '만학의 시초'라 불리며 만물의 원리, 곧 아르케arche를 추구한 그리스 학문을 그가 완성했다고 보는 사람도 있습니다.[5]

아리스토텔레스의 과학 또는 자연철학은 직접 관찰한 결과를 분석하는 방법론입니다. 그 결과 자연이 무엇으로 이루어져 있는지에 관한 물질론, 물질들의 움직임에 관한 운동론, 우주의 체계와 움직임에 관한 우주론 등에서 우리가 경험하는 세계를 설득력 있게 설명할 수 있었습니다. 우선 아리스토텔레스의 물질론에 따르면 자연세계는 4가지 요소, 물, 불, 흙, 공기로 이루어지며 이들의 조합을 통해 열기, 냉기, 건조, 습기 현상이 생깁니다. 엠페도클레스의 4원소설이나 아낙시만드로스의 아페이론설과 유사한 측면이 있죠. 다만 아리스토텔레스는 자연에서 물질이 변하는 원인을 더 체계적으로 제시했습니다.

자연에 있는 물질들은 왜 변할까요? 아리스토텔레스는 4가지 원인을 제시했는데 돌을 깎아 만든 조각상을 예로 한번 살펴봅시다. 우선 조각상이 무엇으로 이루어져 있는지를 설명하는 '질료인material cause'이 있습니다. 또한 조각상이 형성되는 구조인 '형상인formal cause'과 변화나 운동의 원인이 되는 '작용인efficient cause'이 있습니다. 마지막으로 조각상의 쓰임과 목적이 담긴 '목적인final cause'이 있죠. 이전 자연철학자들과 달리 아리스토텔레스는 '목적인'에 주목했습니다. "자연은 아무것도 헛되이 하지 않는다"라는 말을 남겼듯이, 그는 자연의 모든 사물이 고유한 목적을 실현하는 과정에서 변한다고 생각했습니다.[6]

따라서 아리스토텔레스는 운동 역시 물질이 자연스러운 목적, 곧 본성을 찾으려는 결과라고 해석했습니다. 그에 따르면 흙과 물을 높은 곳에서 떨어뜨렸을 때 바닥으로 떨어지는 이유는 흙과 물에 지구 중심으로 향하는 본성이 있기 때문입니다. 반면 공기와 불이 하늘로 올라가는 이유는 지구 중심에서 멀어지려는 본성이 있기 때문입니다. 이런 자연현상의 움직임, 곧 '자연운동'에 관한 설명은 4원소가 변하는 방향을 설명하기에 아주 적합했습니다.

하지만 분명히 자연에는 본성과 상관없는 움직임도 있지요. 예를 들어 그냥 바닥에 있는 물체를 집어던져 떨어지는 건 물체의 성질과 아무런 상관이 없습니다. 이를 관찰한 아리스토텔레스는 운동이 일어나는 원인, 곧 작용인에 따라 운동을 2가지로 나누었습니다. 내부 작용인 때문에 움직이는 '자연운동'과 외부 작용인 때문에 움직이는 '강제운동'입니다. 아리스토텔레스는 강제운동이 외부 작용인인 '동력인'의 작용으로 일어난다고 보았습니다. 예를 들어 투석기로 돌을 던질 때는 돌이 자체의 성질이 아닌 투석기의 외부적 힘 때문에 움직이므로 투석기가 동력인이 되죠. 또한 아리스토텔레스는 자연운동과 강제운동이 따로따로 작용한다고 보았습니다. 다시 투석기의 예를 살펴보면 돌은 처음에 동력인인 투석기에 의해 강제운동을 하다가 강제운동이 끝나는 순간에 비로소 자연운동을 합니다. 곧 자연운동과 강제운동이 동시에 일어나지 않고 순차적으로 일어난다는 개념이었습니다.

아리스토텔레스의 접근 방식은 어떤 현상이든 논리적으로 원인을 분석한다는 점에서 의의가 있습니다. 운동을 자연운동과 강제운동으로 차근차근 나눔으로써 힘이라는 큰 개념을 더 잘 이해할 수 있었던 것처럼요. 자연현상은 여러 가지 원인이 복합적으로 작용하는 경우가 많기 때문에 이런 분석 방법은 현대과학에서도 유효합니다.

물론 현대물리학 관점에서 보면 아리스토텔레스의 이론 자체는 오류가 많습니다. 예를 들어 물체가 운동할 때는 사실 여러 가지 힘이 항상 복합적으로 작용하기 때문에 물체가 자연운동을 하다가 갑자기 강제운동으로 넘어가는 일은 없습니다. 이런 이분법적 접근은 신이 존재하고 지상과 천상의 세계는 다르다는 관념이 절대적이었던 당시 시대상이 반영된 결과입니다.

아리스토텔레스는 비슷한 접근법을 생물학에서도 시도했습니다. 당시까지 알려져 있던 500종 이상의 생물 정보를 모아 외형과 내장의 모습을 자세하게 기록했고, 4원인론을 생물에도 적용했습니다. 그에 따르면 새의 날개를 다음과 같이 분석할 수 있습니다. 우선 '질료인'은 날개를 구성하는 재료로서 깃털, 피부, 뼈 등이고, '형상인'은 원료가 조합된 것으로서 날개의 구조와 형태입니다. '작용인'은 날개가 존재하게 된 원인이나 작용으로서 날개라는 형상이 만드는 힘입니다. 그리고 '목적인'은 날개의 목적이나 기능으로서 아리스토텔레스는 날개의 진짜 목적이 '비행'이라고 보았죠. 오늘날 생물학에서 본다면 과학적 분류법과 철학이 섞여 있는 셈입니다.

　　아리스토텔레스의 생물학에서 특히 받아들이기 힘든 부분은 생물의 '영혼'을 탐구했다는 점입니다. 아리스토텔레스의 관점에 따르면 생물이 질료와 형상으로 이루어진다고 가정했을 때 육체는 질료이고 영혼은 형상입니다. 따라서 인간뿐 아니라 동식물 등 모든 생명체는 영혼과 육체로 이루어지며 무생물은 영혼이 없습니다. 또한 아리스토텔레스는 영혼의 종류에 따라 생명체 기능이 결정되며 인간은 다른 존재와 달리 이성이라는 특별한 능력이 있기 때문에 생명체 중 가장 높은 단계라고 보았습니다. 만물이 사다리처럼 서로 다른 계층에 존재한다는 분류법을 통해 자연과 인간을 수직적으로 나눈 것이죠.

　　아리스토텔레스의 천문학도 빼놓을 수 없습니다. 아리스토텔레스는 3가지 중심 원리를 제시하며 당대 천문학을 집대성했습니다. 첫째, 우주는 지상계와 천상계로 나뉩니다. 달의 위치를 기준으로 달 아래 세계는 늘 변화하고 불완전한 지상계로서 4원소로 이루어져 있습니다. 반면 달 위 세계는 '에테르$_{ether}$'라는 물질로 가득한 완벽하고 변하지 않는 천상계입니다. 해나 별 등 지구 바깥에 있는 천체들은 에테르로 가득한 다른 세계에 존재하며 영원히 움직입니다. 완벽하고 절대적이며 영원한 신 역시 천상계에 존재해야만 했지요.

따라서 둘째, 지상계와 천상계에서는 서로 다른 운동이 나타납니다. 지상계에서는 4원소의 영향으로 자연운동과 직선운동을 하는 반면 천상계의 천체들은 원운동을 합니다. 당시 기하학적 관점에서 원은 완전한 도형으로 여겨졌기 때문에 완전한 세계인 천상계에서 당연히 천체들은 지구를 중심으로 원운동을 한다고 생각했던 것입니다.

셋째, 우주의 중심은 지구입니다. 지구는 우주의 중심에 고정되어 있고 다른 천체들이 동심원 형태로 배열되어 9개의 구를 따라 회전합니다. 이처럼 아리스토텔레스는 자연 법칙을 절대적이고 완전한 신적 원리로 바꿔놓았습니다. 당시 천문학 수준에서 아리스토텔레스의 우주론은 많은 관측 결과를 정확히 설명하는 데다 직관적이었기 때문에 지구를 중심으로 별이 원운동을 한다는 천동설이 아주 오랫동안 이어졌습니다.

현대과학의 관점에서 보자면 아리스토텔레스의 접근법에는 놀라운 통찰력과 그에 못지않은 수많은 시대적 한계와 오류가 공존합니다. 그럼에도 지식을 종합해 체계적으로 분류하려고 했던 그의 설명은 당시로서는 최선의 이론이었습니다. 아리스토텔레스가 과학사에 거대한 족적을 남긴 인물임은 틀림없죠.

(3장)

무기가 되는 지혜

로마 시대와 실용과학

헬레니즘 문명과 실용주의

역사는 때로 짧은 기간에 급격하게 변합니다. 아리스토텔레스의 제자였던 알렉산드로스 대왕Alexandros the Great(기원전 356년~기원전 323년)은 새로운 제국을 건설하며 큰 변화를 일으켰습니다. 그는 마케도니아에서 시작해 11년 만에 중동을 넘어 인도에 이르는 드넓은 땅을 정복했고, 이 과정에서 그리스 문명은 도시국가를 넘어 제국으로 성장하며 헬레니즘Hellenism 문명으로 자리 잡았습니다.

아이와 어른이 세상을 다르게 바라보듯이 헬레니즘 시대가 되자 그리스인들이 세상을 바라보는 관점도 변화했습니다. 무엇보다 과거에는 도시국가라는 하나의 공동체에 소속감을 느꼈지만 헬레니즘 시대에 거대한 제국이 세워지자 이전만큼 소속감을 느끼기 어려워졌습니다. 그에 따라 철학 사상 역시 공동체주의에서 개인주의로 변하고 도시국가들의 '특수성'도 '보편성'으로 변모하면서 무력감이 퍼졌습니다. 또한 플라톤과 아리스토텔레스를 비롯한 과거 그리스 철학자들의 눈부신 학문적 결과를 넘어서기가 어려웠기 때문에 이 시대에는 철학, 문학 등 정신적 산물이 고대 그리스 시대보다 오히려 쇠락했습니다.

이런 사회적 변화는 과학에도 여실히 반영됐습니다. 제국은 다양한 생각이 섞일 수 있는 환경이었지만 과학 연구가 주로 왕들의 후원을 받아 이루어지면서 한계가 생겨났습니다. 후원을 받기 위해서는 실질적인 결과물이 필요했기 때문에 전과 달리 실용적인 과학기술 위주로 발전하게 되었지요. 따라서 고대 그리스인들이 추구했던 원리에 관한 탐구, 곧 '세상이란 무엇인가?'라는 철학적 질문을 다루는 학자들은 점차 사라졌습니다.

기원전 323년에서 기원전 30년까지 지속된 헬레니즘 문명은 이후 로마 문명에 흡수됩니다. 그리스와 함께 서양 문명의 한 축을 이루는 로마는 200년이 넘는 기간 동안 거대한 제국을 이룩했으며 실용적 학문과 기술을 발전시켰습니다. 당시 만들어진 콜로세움 같은 유적들이나 오늘날까지 잘 보존된 수도관 같은 건축물을 보면 로마의 기술력이 얼마나 뛰어났는지 알 수 있습니다. 하지만 근원적인 원리 탐구는 고대 그리스 시대보다 적었습니다. 오히려 그리스 시대에 발견된 지식들을 정리하는 개요서가 유행했죠. 대표적인 자연과학 개요서로는 초기 백과사전인 《박물지Natural History》가 있습니다. 로마 해군 지휘관이었던 가이우스 플리니우스 세쿤두스Gaius Plinius Secundus(23년~79년)가 남긴 이 저서에는 천문학·수학·지리학 같은 자연과학뿐 아니라 민족학·인류학 같은 인문학을 비롯해 광산학·광물학·의학·약학 등 온갖 분야의 지식이 담겨 있습니다. 아리스토텔레스가 시도했던 자연 분류법을 더욱 정교하게 발전시키기도 했습니다.

그렇다고 이 시기에 과학적 발전이 완전히 멈춘 것은 아닙니다. 새로운 학문 분야가 탄생하거나 기존 학문이 보완되고 체계가 더욱 정교해지기도 했으니까요. 대표적으로 꼽을 수 있는 학자로는 기하학을 체계적으로 제시한 유클리드Euclid(기원전 330년~기원전 275년), 고대천문학의 완성자로 불리는 클라우디오스 프톨레마이오스Klaudios Ptolemaeos(83년~168년), 고대의학의 창시자로 꼽히는 클라우디오스 갈레노스Claudios Galenos(129년~199년)가 있습니다.

논밭의 크기를 어떻게 잴 것인가

바실리 칸딘스키Wassily Kandinsky(1866년~1944년)는 현대 추상미술의 대가 중 한 명입니다. 점, 선, 면, 직사각형, 원 같은 기하학적 도형만으로 예술이 될 수 있다는 걸 보여준 인물이죠. 피타고라스의 수학적 세계관과 예술을 결합했다고도 할 수 있겠네요.

칸딘스키 작품에 예술적으로 표현된 기하학geometry이란 무엇일까요? 한자를 뜯어보면 '몇 기幾'와 '어찌 하何'인데 이것으로는 뜻을 추론하기 어렵습니다. 사실 '기하학'은 영어의 geometry를 단순히 음차한 표기이기 때문이죠. 기하학의 사전적 정의는 '공간에 있는 도형의 성질, 점, 직선, 곡선, 면, 부피 등을 연구하는 수학 분야'입니다. 그리스어로는 $γεωμετρία$인데 '땅$γεω$-을 측량$μετρία$하는 방

③ 칸딘스키의《구상 8Composition 8》(1923)

법'이라는 뜻입니다. 먼 옛날 농사를 짓기 위해 땅을 여러 모양으로 나누는 과정에서 기하학이 탄생했기 때문입니다.

우리는 시계를 통해 시간을 정확하게 지키듯이 기하학을 통해 추상적 공간을 삼각형, 사각형, 원 등으로 구체적으로 분류하고 공간적 정보를 얻습니다. 건축에서는 기하학을 이용해 설계도를 만들고, 디자인에서는 모양과 치수를 바꿔가며 다양한 형태의 물품을 만들어냅니다. 칸딘스키 작품처럼 기하학적 요소가 예술로 표현되기도 하죠.

기하학의 아버지라 불리는 인물은 유클리드(그리스어로는 에우

클레이데스Eukleides)입니다. 헬레니즘 시대의 위대한 과학자이자 수학자였음에도 정작 그의 삶에 관해 명확히 알려진 건 별로 없습니다. 기원전 323년부터 기원전 283년까지 알렉산드리아대학교에서 활동했다는 기록에 따라 대략 기원전 300년 즈음의 인물로 추정되며, 주로 활동한 장소를 근거로 그리스 사람이 아니라 이집트 사람으로 추정되기도 합니다. 하지만 유클리드가 당시까지 알려진 정수론과 기하학을 체계적으로 정리한 《원론Stoikheia》을 남겼다는 사실만은 분명합니다.

유클리드는 기하학을 체계적으로 다루는 방법을 최초로 구축했습니다. 그의 저서에는 기본 공리公理에서 시작해 연역법演繹法을 통해 여러 다른 정리를 유도하는 사례가 담겨 있습니다. '공리'란 옳다고 인정되어 다른 명제의 바탕이 되는 명제이며, 연역법은 가설을 먼저 설정하고 이를 바탕으로 결과를 예측하는 방법입니다. 유클리드는 직관적으로 알 수 있는 공리를 참으로 제시했습니다. 대표적인 예시로는 'A=B면 A+C=B+C다' '전체는 부분보다 더 크다' 등이 있죠. 이런 공리를 바탕으로 기하학의 기본 요소인 점, 선, 면 각각을 '위치가 있으나 부분이 없는 것' '폭이 없는 길이' '길이와 폭만을 가진 것'으로 정의합니다.

유클리드 기하학은 가장 기본적인 공리를 조합해 새로운 사례를 증명하기에 효과적인 도구입니다. 언어에서 자음과 모음을 읽는 기본적인 방법을 정하고 이를 조합해 새로운 의미를 만들어내듯이 말입니다. 또한 유클리드 기하학은 경험적 세계와 잘 맞아

떨어졌기 때문에 아리스토텔레스의 연구처럼 오랜 시간 절대적 진리로 인정받았습니다.

유클리드 기하학 이후 다른 기하학이 등장하기까지 2,000년이 넘는 세월이 걸렸습니다. 아주 오랫동안 기하학에는 '유클리드'라는 수식어 자체가 필요하지 않았는데, 그만큼 유클리드 기하학 속 공리가 직관적이고 명백해서 세상의 기하학적 요소를 잘 설명해냈기 때문입니다. 그러다 19세기에 들어서야 '비非유클리드 기하학'이라는 새로운 관점이 등장했습니다.

복잡한 우주에 원 하나만 더하면

고대천문학은 아리스토텔레스가 뼈대를 세우고 프톨레마이오스가 완성했습니다. 프톨레마이오스는 당대 천문학 지식을 집대성하여 《알마게스트Almagest》를 집필했습니다. 만물의 근원을 숫자에서 찾았던 피타고라스와 이성을 통해 세상을 이해했던 플라톤의 영향을 받아 프톨레마이오스 역시 천상계의 움직임을 수학으로 설명하려고 했습니다.

과거 그리스 자연철학자가 '행성은 어떤 궤도로 움직이는가'를 탐구했다면 프톨레마이오스는 천체들의 운동이 단일한 원운동임을 '설명'하고 '증명'하는 데 더 힘을 쏟았습니다. 지금까지의 수많은 관측 결과를 부정하지 않고 이를 더 잘 설명할 수 있는 방법을 제시한 것이죠. 또한 아리스토텔레스가 천체들이 움직이는 원인까지 탐구했던 것과 달리 프톨레마이오스는 천체 운동을 수학적으로 계산해 천문학적 사건을 예상할 수 있으면 그것으로 충분하다고 생각했습니다.

그러나 아리스토텔레스 이후로 실제 천체 관측에서는 점점 모순적인 사례가 쌓이고 있었습니다. 대표적인 예가 관측 시기에 따라 달의 크기가 다르게 보이는 현상이었습니다. 만약 지구 주위를 도는 천체들이 완전한 원궤도를 가진다면 달의 크기는 언제나 같게 보여야 하는데 실제로는 달의 크기가 달라졌던 것이죠. 또한

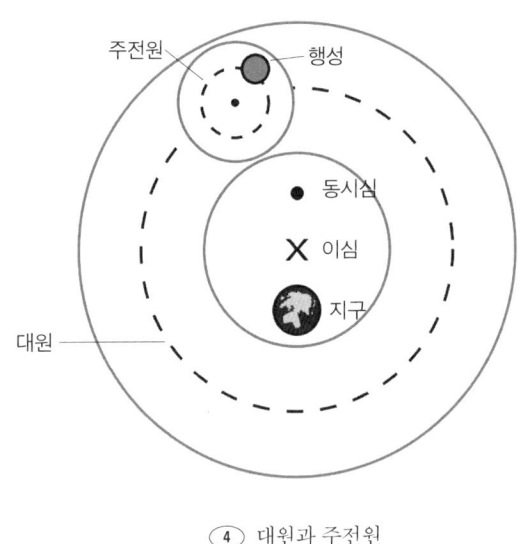

④ 대원과 주전원

화성이 때로는 뒤로 움직이는 듯한 모습도 관측되었습니다. 이를 설명하려면 새로운 접근법이 필요했죠.

프톨레마이오스는 각 행성이 독립적인 작은 원궤도를 따른다는 이론을 제시했습니다. 더 자세하게 설명하면 다음과 같습니다. 각 행성은 큰 원궤도(대원)를 따라 지구 주위를 도는 동시에 독립적인 원궤도(주전원)를 돌고 있습니다. 이때 대원의 중심을 이심이라고 하며, 지구는 이 이심에서 약간 벗어난 곳에 위치합니다. 화성이 역행하는 것처럼 보이는 것은 주전원을 따라 지구와 반대 방향으로 이동한 결과였습니다. 그의 이론 덕분에 행성들이 지구 주위를 돈다는 전통적인 가정을 유지하면서도 행성들의 밝기나 궤도에 변화가 생기는 현상을 설명할 수 있게 되었습니다.

더 나아가 프톨레마이오스는 이심에서 지구가 떨어진 거리만큼 지구 반대편에 떨어진 지점, 곧 동시심 개념까지 도입하고 주전원 개념을 활용하여 수많은 행성의 움직임을 계산했고 여러 항성목록과 계산표까지 완성했습니다. 그의 이론은 당대인들에게 큰 지지를 얻었습니다. 여전히 권위를 지키고 있던 아리스토텔레스의 이론과 크게 다르지 않은 계산값을 내놓는다는 점에서 신뢰도가 높았고, 매일 해가 뜨고 지는 것을 경험하는 사람들에게 태양이 지구 주위를 움직인다는 발상은 의심의 여지가 없었기 때문입니다.

《알마게스트》는 이슬람과 유럽 과학에 큰 영향을 끼쳤으며 중세까지도 이론의 권위는 절대적이었습니다. 그러나 점점 그의 이론으로 설명되지 않는 관측 사례가 쌓여갔고, 15세기 들어 천동설에 반기를 든 과학자가 등장했습니다. 이는 뒤에서 더 자세하게 살펴보겠습니다.

인간의 힘으로 질병을 치료하다

우주를 바라보는 학자들이 있었던 한편 인간을 탐구하며 의학을 발전시킨 학자들도 있었습니다. 의학의 출발점이 된 인물로 고대 그리스 철학자 히포크라테스Hippocrates(기원전 460년~기원전 370년)를 꼽습니다. 오늘날 의료계 종사자들이 하는 '히포크라테스 선서 Oath of Hippocrates'에 등장하는 바로 그 인물이죠.

    히포크라테스는 의학에 합리적 방법론을 도입한 인물입니다. 우선 그는 병이 생기는 원인을 설명하기 위해 4원소설의 아이디어를 빌려왔습니다. 물, 불, 공기, 흙처럼 인간의 몸 안에도 따뜻한 성질, 습한 성질, 건조한 성질, 추운 성질을 갖는 4가지 요인 또는 체액이 존재한다는 것이었습니다. 그는 4가지 체액의 균형이 맞으면 건강하지만 하나라도 모자라거나 넘치면 병이 생긴다고 보았습니다. 히포크라테스의 설명은 현대의학 관점에서 보면 당연히 오류투성이지만 신의 의지에 기대지 않고 스스로 질병의 원인을 파악하고 그에 따른 합리적 해결책을 제시하려고 했다는 점에서 중요합니다. 부족하거나 넘치는 성질에 맞춰 음식을 조절하고 약을 제공할 수 있게 되었으니까요.

히포크라테스의 뒤를 이어 고대의학을 완성한 인물은 로마 시대 의학자 갈레노스입니다. 프톨레마이오스가 아리스토텔레스 이론을 기반으로 했듯이 갈레노스는 히포크라테스 4체액설과 아리스토텔레스 영혼 이론을 기반으로 의학을 발전시켰습니다. 갈레노스에 따르면 사람의 몸에는 '기운spirit'이 있으며 이것이 신체기능을 담당합니다. 이 기운은 다시 영양을 공급하는 '자연 기운', 생명 에너지를 불어넣는 '생명 기운', 감각과 지성을 이루는 '동물 기운', 3가지로 나뉘며 각각은 장기를 통해 연결됩니다. 갈레노스는 간과 정맥이 자연 기운, 심장과 혈액이 생명 기운, 뇌가 동물 기운을 관장한다고 생각했습니다. 장기와 기운을 결합해 인간이 생명 활동을 유지할 수 있는 원리를 설명하려고 한 것이지요.

　더 나아가 갈레노스는 인체의 3가지 핵심 기능인 소화, 호흡, 신경에 관해 체계적으로 설명했습니다. 첫째, 소화란 섭취한 음식물이 위와 간을 거쳐 혈액을 만드는 과정이고 둘째, 호흡은 만들어진 혈액이 동맥과 정맥을 통해 허파에서 공기를 공급받아 '생명의 정기'를 만드는 과정이며 셋째, 신경은 만들어진 '생명의 정기'가 뇌에 도달해 정신 활동을 하는 과정입니다. '생명의 정기'라는 개념은 오늘날 의학에서 받아들이긴 어렵지만 정맥, 동맥, 신경계가 각기 다른 기운을 운반한다는 관점이나 혈액의 순환과 산소 전달이라는 개념을 설명하려고 한 점은 현대의학과 통하는 부분이 있습니다.

　갈레노스의 의학이론은 실제 해부 지식을 기반으로 탄생했습니다. 그가 살았던 로마제국 시대에는 법으로 인체 해부를 금지했기 때문에 갈레노스는 원숭이와 돼지를 해부하며 기관을 탐구했습니다. 그가 근육과 뼈의 조직, 정맥과 동맥의 차이를 관찰하거나 신경이나 심장을 묘사한 기록이 전해지지요. 또한 이전까지는 약을 제조할 때 필요한 재료만 기록한 반면 갈레노스는 필요한 양과 투여량에 따른 환자의 반응까지 상세하게 기록했습니다. 대다수 약이 적정량을 초과하면 독으로 작용한다는 점에서 갈레노스의 정량적 접근은 약학에도 크게 기여한 셈입니다.

4체액설과 체내 혈액 순환 체계는 근대에 윌리엄 하비William Harvey(1578년~1657년)의 혈액순환 이론이 등장하기 전까지 정설로 받아들여졌습니다. 특히 중세를 지배한 기독교와 이슬람교 모두 인체 해부를 금지했기 때문에 14세기에 르네상스가 도래하기 전까지는 갈레노스의 학설을 바로잡을 기회조차 없었죠. 갈레노스가 틀렸다는 주장이야말로 의학계에서 가장 위험한 발상으로 간주되었을 정도로 말입니다.

신의 질서에 도전하다

중세부터 과학혁명까지

2부

무언가 발전하기 전 암흑기를 거치는 경우가 있습니다.
'중2병'이라 불리는 사춘기를 거쳐야 성인이 되는 것과
비슷하달까요. 서구의 중세(5세기~15세기)는 과학사에서
암흑기로 불립니다. 1,000년 가까이 되는 오랜 시간 기독교의
권위는 절대적이었기 때문에 자연철학 역시 신의 전능함을
설명하는 도구로 전락했습니다.

    중세를 지나 근대로 접어들면서 유럽 사회에서 종교의
절대적 권위가 무너지기 시작했습니다. 비슷한 시기에 문학과
철학 등 여러 분야에서 세상에 대해 다양한 답을 제시하는 위인과
뛰어난 작품이 등장했죠. 우스갯소리입니다만 당대인들에게
"세상이란 무엇일까요?"라고 묻는다면 미겔 데 세르반테스Miguel
de Cervantes(1547년~1616년)가 《돈키호테Don Quixote》를
슬쩍 읽어보라고 찔러주거나 윌리엄 셰익스피어William
Shakespeare(1564년~1616년)가 작품 속 캐릭터들을 보여줄지도
모릅니다. 프랜시스 베이컨Francis Bacon(1561년~1626년)은
'귀납법歸納法'이라는 새로운 과학적 방법론이 담긴 《신기관Novum
Organum Scientiarum》을 전해줄 것이고 르네 데카르트René
Descartes(1596년~1650년)는 "나는 생각한다, 고로 나는
존재한다"라는 문장을 인용하며 '이성'으로 세상을 설명하려고
했을 겁니다.

    《돈키호테》의 주인공인 돈키호테는 일관되게 자기만의

신념을 좇아 행동합니다. 멀쩡한 풍차에 돌진하는 무모하고 정신 나간 모습이라 문제지만 말입니다. 타인에게 이해받지 못하고 갖은 고생을 하는 모습은 안타까움을 자아냅니다. 작품 속에는 그가 두들겨맞는 장면도 정말 많죠.

그럼에도 돈키호테는 꺾이지 않습니다. 때로 멍청해 보일 정도로 순수하게 자기 생각을 고집하죠. 집단에서 벗어나 자기만의 길을 걸어가는 모습을 보다 보면 광기로만 보였던 그의 행동이 실은 깊은 이성이 이끄는 게 아닐까 하는 생각마저 듭니다.

셰익스피어의 4대 비극 중 하나인《햄릿Hamlet》에서 왕자 햄릿은 복수를 이루어달라는 아버지의 유령을 보고 난 뒤 복수는커녕 정신 나간 사람처럼 행동하기 시작합니다. 광기에 사로잡혀 충동적으로 움직이다가도 어느샌가 이성적으로 돌변하는 입체적인 캐릭터죠. 또한 햄릿은 돈키호테와 달리 하고 싶은 대로 행동하지 못합니다. 아들과 왕자라는 위치, 하고 싶은 일과 해야 할 일, 공동체와 개인의 욕망 사이에서 갈등하고 고뇌하는 모습은 근대적 개인의 단면을 보여줍니다.

이처럼 세르반테스와 셰익스피어가 그린 인간상은 갈등하고 의심하고 도전하는 존재이자 권위에 짓눌리지 않고 자기 생각을 지키기 위해 고뇌하는 존재입니다. 이런 근대적 인간은 문학뿐 아니라 과학에서도 찾아볼 수 있습니다. 중세를 거치며 '신의 질서'에 도전했던 과학자들은 오늘날까지 영향을 끼치고 있습니다. 새로운 과학적 방법론을 제시한 베이컨과 데카르트를 필두로 기존 학문 질서에 목숨을 걸고 도전하며 근대 과학을 확립한 과학자들의 이야기를 따라가봅시다.

1장

더 합리적인 설명을 찾아서

연역법 대 귀납법

직접 관찰한 현실에서 출발하라

"감각과 개별자에서 출발하여 지속적으로, 그리고 점진적으로 상승한 다음, 궁극적으로 가장 일반적인 명제에까지 도달하는 방법이다. 지금까지 시도된 바 없지만 이것이야말로 진정한 과학적 방법이다."

—《신기관》제1권 중[1]

셰익스피어와 동시대를 살아간 영국의 프랜시스 베이컨은 자연철학자이면서 저명한 정치인이었는데 유명세 때문인지 한때 베이컨과 셰익스피어가 동일 인물이라는 음모론이 떠돌기도 했습니다. 물론 베이컨이 바쁜 업무를 수행하면서 셰익스피어만큼 위대한 문학 작품들을 쓰기엔 시간이 턱없이 부족했겠지만요.

베이컨은 새로운 과학적 방법론인 '신기관'을 제시했습니다. 기존 아리스토텔레스의 과학적 방법론인 '기관organum'을 대신할 방법론이죠. 아리스토텔레스의 사후 2,000년에 가까운 시간이 지났지만 16세기 영국의 과학 탐구는 여전히 아리스토텔레스의 방법론인 '연역법'을 벗어나지 못하고 있었습니다. '연역법'은 가설을 먼저 세우고 그것으로 현실의 경험을 설명하는 방식입니다. 예를 들어 이전까지 천문학에서는 '하늘의 모든 천체의 공전궤도는 원형이다'라는 가설을 바탕으로 실제 원궤도를 갖는 천체를 기록해왔습니다. 문제는 가설과 맞지 않는 사례가 등장한다는 것이었죠. 만약 공전궤도가 타원형인 천체가 관측된 경우에는 어떻게 해야 할까요? 가설을 바꿔야 할까요? 연역법적 관점에서는 가설을 바꾸는 것보다 타원궤도를 가진 천체를 관측 결과에서 배제하거나 기존 가설을 유지한 채 부수적인 설명을 덧붙이는 것이 더 쉬웠습니다.

그러나 점점 가설과 맞지 않는 사례들이 누적되면서 가설 하나를 보완하기 위해 더 많은 가설이 필요해졌고 설명이 복잡해졌습니다. 베이컨은 이 문제를 근본적으로 해결하기 위해 '귀납법'이라는 새로운 방법론을 제시했습니다. 귀납법은 연역법과 반대로 현실의 경험과 관찰을 바탕으로 가설을 세우는 방법입니다. 곧 관찰 결과를 바탕으로 이론을 도출하죠. 베이컨은 최대한 많은 사례를 수집하고 분류하면서 타당한 가설을 찾아낼 수 있다고 생각했습니다.

결론적으로 베이컨의 귀납법 역시 한계는 있습니다. 사례만 모은다고 진짜 가설이 '짠' 하고 등장하는 일은 없으니까요. 그러나 자연에서 가설과 부합하는 결과만 모으지 않고 자연을 있는 그대로 관찰하고 정리했다는 점에서 분명 의미가 있었습니다. 당장 설명할 수는 없지만 언젠가 활용될 수 있는 과학 지식이 쌓이게 되었으니까요. 특히 베이컨은 학문의 목적이 인간 생활을 발전시키는 데 있다고 생각했기 때문에 자연과학 역시 자연에 관한 지식을 바탕으로 인간이 더 이로워지는 방향으로 나아가야 한다고 믿었습니다. 이런 현실적이고 실제적인 목표는 오늘날 현대과학의 자연관과도 상당히 유사합니다.

천장에 붙은 파리의 위치를 설명하는 방법

"내가 그렇게 모든 것은 거짓이라고 사유하고자 하는 동안, 그것을 사유하는 나는 필연적으로 어떤 것이어야 한다는 것에 주의했다. 그리고 나는 사유한다, 그러므로 나는 존재한다는 이 진리는 너무나 확고하고 확실해서, 회의주의자들의 가장 과도한 모든 억측들도 흔들 수 없다는 것을 알아차리면서, 나는 그것을 주저없이 내가 찾고 있던 철학의 제일원리로 받아들일 수 있다고 판단했다."

— 《방법서설 Discours de la Méthode》 제4부 중[2]

프랑스 철학자 르네 데카르트는 끝없는 의심을 통해 가장 진실되고 확고한 것을 찾으려고 한 인물입니다. 당시 유행하던 회의주의를 넘어서서 근원적으로 옳은 무언가가 있을 것이라고 믿었죠. 그 결과 탄생한 명제가 '나는 생각한다, 그러므로 나는 존재한다 Cogito, ergo sum'입니다. 데카르트는 자기 존재의 근원이 '생각하는 이성'이라고 생각했으며 '이성'을 통해 세상을 판단하고 이해하려고 했습니다.

한편 데카르트는 논리적 언어인 수학을 이용해 자연계의 위치를 표현할 수 있는 x축, y축 좌표계를 고안했습니다. 가만히 누워 있던 데카르트가 천장에 붙어 있던 파리의 움직임을 바라보면서 좌표계 개념을 떠올렸다는 일화는 유명하죠. 보통 사람이었다면 파리를 쫓아낼 방법을 고민했을 텐데 데카르트는 '어떻게 하면 파리의 위치를 수학적 언어로 설명할 수 있을까'를 골똘히 생각한 걸 보면 꽤나 독특한 사람이긴 한 모양입니다.

데카르트의 이성중심적 철학은 이후 계몽주의에도 많은 영향을 끼쳤고, '기계적 철학mechanical philosophy'으로 이어졌습니다. 기계적 철학이란 작은 톱니바퀴 부품이 맞물리며 거대한 기계가 움직이듯이 자연도 미세한 입자 사이의 상호작용을 통해 변화한다는 관점입니다. 더 나아가 데카르트는 세상을 '물질'과 '물질 사이의 운동'으로 구분하고, 물체의 크기나 운동 방향 등을 수학적으로 계산할 수 있는지 탐구했습니다.

베이컨과 데카르트가 과학자가 아닌 철학자로 불리는 이유

베이컨은 과학사에도 이름을 남겼습니다. 귀납법이라는 새로운 과학적 방법론과 이성에 기반한 사고방식을 제안했으니까요. 베이컨의 귀납법은 여전히 과학의 주요한 방법론입니다. 데카르트의 철학 역시 과학적 태도의 근간을 이루죠.

하지만 베이컨과 데카르트는 과학자보다 철학자에 가깝습니다. 과학의 핵심 요소 중 하나인 '실험적 입증', 곧 실험을 통해 자신의 이론이 맞는지를 확인하고 수정하는 절차가 없었기 때문에 베이컨과 데카르트가 엄밀한 의미의 과학을 했다고 보기는 어렵습니다. 이미 세상을 바라보는 자기만의 관점을 역사의 한 페이지에 남긴 위인들이니 딱히 아쉽지는 않겠지만요.

(2장)

우주의 중심을
둘러싼 싸움

코페르니쿠스의
과학혁명

신의 질서는 단순하다

매일 해와 달이 뜬다는 사실 자체는 중세나 지금이나 변함없지만 그것을 설명하는 방식은 분명히 다릅니다. 과거 사람들은 지구를 중심으로 모든 천체가 움직인다고 믿었습니다. 그리고 천문학을 통해 별의 움직임을 이해함으로써 신의 세계와 본질을 밝힐 수 있다고 생각했습니다.

니콜라우스 코페르니쿠스Nicolaus Copernicus(1473년~1543년)의 지동설을 기점으로 유럽에서는 16세기 중반부터 17세기 말까지 150여 년에 걸쳐 '과학혁명scientific revolution'이 일어났습니다. 이 지적 혁명은 과학의 영향력이 커지게 된 중대한 사건이었죠. 지구가 고정되어 있다는 천동설에서 지구 역시 움직인다는 지동설로 패러다임을 바꾼 사건이기도 합니다.

과학혁명의 선구자 코페르니쿠스는 15세기 폴란드 출신 천문학자입니다. 그는 당시 유행에 따라 이탈리아에서 유학하며 르네상스의 영향을 많이 받았습니다. 르네상스는 14세기 후반부터 16세기 후반까지 이탈리아를 중심으로 서유럽에서 일어난 사회적 현상이자 인문주의 운동으로, 고대 그리스·로마의 복원과 인간중심적 정신을 추구했습니다. 무엇보다 그는 유학 시절, 지동설을 최초로 주장한 고대 그리스 천문학자 사모스의 아리스타르코스Aristarchos of Samos(기원전 310년~기원전 230년)의 저작을 접하면서 큰 영감을 받았습니다. 또한 코페르니쿠스가 태어나기 30년 전쯤 구텐베르크 인쇄술이 등장하며 지식 교류가 활성화된 덕분에 코페르니쿠스는 프톨레마이오스가 남긴 천문학서 《알마게스트》를 깊게 탐구할 수 있었습니다.[3]

앞서 살펴봤듯이 고대 천문학자들은 기본적으로 하늘과 땅의 세계가 서로 다르다고 여겼습니다. 중세를 거치면서 고대 아리스토텔레스 철학은 기독교 신학과 결합했고 토마스 아퀴나스Thomas Aquinas(1224년~1274년)가 스콜라 철학을 완성했습니다. 스콜라 철학에서는 신학이 가장 중요한 원리였기 때문에 과학은 '신학의 시녀'로 전락하고 말았습니다.[4] 신이 만물을 창조했고 만물의 중심이 인간이라는 세계관에서는 인간이 사는 지구를 중심으로 우주가 구성되는 것이 당연했습니다. 천동설은 고대 아리스토텔레스부터 시작해 프톨레마이오스를 거쳐 중세 기독교 세계관에서까지 권위가 절대적이었고 사회적으로도 근본 원리이자 상식으로 통했습니다. 당장 하늘을 보면 해와 달이 매일 움직이는 것처럼 보였으니까요.

그런데 코페르니쿠스는 천체의 움직임을 관측하면서 천동설이 자신의 관측 결과와 도저히 맞지 않는다는 사실을 깨달았습니다. 앞서 살펴보았듯이 아리스토텔레스와 프톨레마이오스의 천동설에는 지구를 중심으로 행성들이 가장 완벽한 도형인 원을 그리며 운동한다는 원칙이 있었습니다. 이 원칙을 지키면서 반례를 설명하려면 주전원 같은 복잡한 수학적 기법을 도입해야 했죠.

그러던 중 코페르니쿠스가 살던 시대에 아리스토텔레스를 절대시하는 철학적 분위기에 반발하는 신플라톤주의neoplatonism가 등장했습니다. 신플라톤주의는 조화와 질서를 추구하는 고대 그리스 문명을 계승하는 조류로서, 이에 따르면 간결한 기하학적 구조야말로 아름답고 우수한 것입니다. 따라서 신이 창조한 우주 역시 기하학적으로 완벽할 것이기 때문에 구조가 단순해야 하죠. 코페르니쿠스 역시 주전원을 80개 이상 그려야 하는 천동설의 복잡한 우주 구조가 조화로운 신의 섭리와 어긋난다고 생각했습니다.

그래서 코페르니쿠스는 지구가 움직이는 지동설을 발전시키기 시작했습니다. 지동설은 6개 행성이 지구가 아닌 태양을 중심으로 원궤도를 따라 움직인다는 이론입니다. 지구가 움직이고 있다는 개념을 도입하는 것만으로 여러 행성의 겉보기 운동을 더 쉽게 설명할 수 있었고 주전원이나 이심 같은 복잡한 개념도 필요하지 않았습니다.

지구가 우주의 중심에서 물러나다

1530년에 코페르니쿠스는 지동설을 설명하는 책을 출간하기로 결심합니다. 하지만 세상의 부정적인 반응을 걱정하지 않을 수 없었고 지동설을 뒷받침할 근거가 완전하지 않았기 때문에 그는 자료를 더 모으려고 했습니다. 코페르니쿠스가 지동설을 발표할 수 있었던 데에는 동료 천문학자 레티쿠스Rheticus(1514년~1574년)의 역할이 컸습니다. 레티쿠스는 코페르니쿠스의 혁신적인 이론이 세상에 알려져 천문학이 발전해야 한다고 코페르니쿠스를 설득했습니다. 13년이 지난 1543년, 코페르니쿠스는 고심 끝에 지동설을 담은 《천구의 회전에 관하여De revolutionibus orbium coelestium》를 발표합니다. 안타깝게도 최종 인쇄본이 집에 도착했을 때 코페르니쿠스는 건강이 매우 나빠진 상태였고, 결국 지동설이 세상에 끼치는 영향을 보지 못하고 눈을 감았습니다.

총 6권인 《천구의 회전에 관하여》 중 1권에는 우주와 지구 모두 구형이며 천체가 원운동을 하는 것처럼 지구 또한 원운동을 한다는 내용이 적혀 있습니다. 코페르니쿠스의 친구였던 신학자 앤드루 오시앤더Andrew Osiander(1498년~1552년)는 책의 서문에 "자료를 수집하고 가설이나 이유를 만들어 천체 운동이 관측된 것과 같게 계산돼야 한다"라고 적었습니다. 이는 코페르니쿠스의 저서가 자료 수집과 가설 설정, 2가지 면에서 뛰어나며 가설이 반드시 사실일 필요는 없다는 뜻입니다. 다시 말해 가설은 관측값과 맞아 떨어지는 계산을 할 수 있을 정도면 충분하며,[5] 지동설은 어디까지나 가설이기에 사실과 다를 수 있다는 의미였습니다. 신의 권위에 도전하는 이단이라는 비난을 피할 방법이었지요.

의외로 사회적 반응은 미미했습니다. 우선 천문학자들을 대상으로 쓴 전문서였기 때문에 대중의 관심을 얻지 못했습니다. 코페르니쿠스의 지동설을 가장 먼저 비판한 사람들은 개신교 신자로, 특히 신학자들은 지동설이 성서의 내용과 충돌하기 때문에 신성모독이라고 생각했습니다. 코페르니쿠스의 지동설이 사람들 입에 오르내리자 종교개혁가 마틴 루터Martin Luther(1483년~1546년)는 이런 말을 남겼습니다.

"어느 신출내기 천문학자가 하늘, 해, 달이 아니라 지구가 움직인다고 주장했다고 한다. (…) 이 바보는 천문학을 뒤집으려고 든다. 그러나 성경에서 이르기를 여호수아는 지구가 아닌 태양에게 멈추라 말하였다."[6]

학계의 스콜라 철학자들은 지동설이 아리스토텔레스 이론과 맞지 않는다는 점에서 비판했습니다. 게다가 지구가 움직인다면 속도가 엄청날 텐데 지구에 사는 우리는 그걸 느낄 수 없다는 것도 당시로서는 의문이었습니다. 몇몇 천문학자도 천체의 움직임을 간결하게 소명하는 코페르니쿠스 이론이 몇몇 관측 결과와 부합하지 않는다는 이유로 지동설을 비판했습니다. 또한 태양이 우주 중심에서 어떤 위치에 있는가에 대해서도 명확한 설명이 필요했죠.

당시 학자들이 지적했듯이 우리는 지구가 매 순간 엄청난 속도로 움직인다는 사실을 체감하지 못합니다. 공전 속도가 소리보다 100배 더 빠른 속도인 초속 약 30킬로미터에 달하는데도 말이죠. 이를 설명하려면 '역학$_{mechanics}$'과 '관성$_{inertia}$' 개념이 도입되어야 했습니다. 이는 후대 학자들의 몫이었죠.

또한 코페르니쿠스는 행성들이 태양을 중심으로 공전한다는 사실은 간파했지만, 지구를 포함한 행성들이 원궤도로 공전한다고 주장한 점이나 아리스토텔레스의 물리학을 이용했다는 점에서 기존 천문학을 완전히 벗어나지 못했습니다. 또한 '지구가 움직인다면 왜 사람들이 지구의 움직임을 느끼지 못하느냐' 같은 여러 비판에 대해서도 답하지 못했습니다. 따라서 코페르니쿠스의 지동설이 프톨레마이오스의 이론보다 크게 나아진 게 없다고 보는 관점도 있습니다.[7]

하지만 코페르니쿠스의 지동설은 천문학을 철학에서 분리해 과학으로 이끌려는 최초의 시도였습니다. 행성의 움직임에 대한 구체적인 관측 자료를 기반으로 우주관을 바꾸려고 한 것이죠. 지구와 태양의 위치를 바꾸는 단순한 전환이었지만 당시 누구도 의심하지 않았던 프톨레마이오스의 우주 체계에 정면으로 도전했다는 점에서도 의의가 있습니다.

지구가 우주의 중심이 아니라는 지동설은 기독교 세계관에서 벗어나는 계기가 되었습니다. 인간은 우주의 중심인 지구에 사는 존재이고 달 위의 천상계가 영원한 신의 영역이라고 생각했던 중세 우주관이 무너지게 되었지요. revolution이라는 영어 단어는 원래 '회전'이라는 뜻만 있었다가 지동설을 기점으로 '혁명'이라는 새로운 뜻을 얻었습니다.

코페르니쿠스의 지동설은 처음에는 사회적 반응이 미미했지만 시간이 흐를수록 조금씩 영향력이 커졌습니다. 태양과 행성 간 관계에 주목하는 이 우주 모형은 후대 과학자들이 행성 운행 법칙을 설명하는 데 영향을 끼쳤고, 천문학과 물리학의 발전을 이끌었습니다.

3장

천상의 법칙을 밝혀낸 인간

브라헤의 관측과
케플러의 탐구

하늘에 새로운 별이 뜨다

1572년 11월 2일, 카시오페이아자리 근처에서 새로운 별이 매우 밝게 빛나기 시작했습니다. 당시에도 혜성처럼 일시적으로 빛나다가 사라지는 별들에 대한 기록이 있었기 때문에 사람들은 저 새로운 별도 금방 소멸할 거라 생각했습니다. 하지만 그 별은 밝은 낮에도 보일 정도의 밝기로 7개월 동안이나 떠 있었죠. 서양뿐 아니라 중국 명나라에도 관측 기록이 있는 이 별은 오늘날 SN 1572라 불리는 초신성supernova으로서 역사적으로 맨눈으로 볼 수 있었던 초신성 8개 중 하나입니다.[8]

그런데 당시 천문학적 관점에 따르면 하늘, 곧 천상계에서 새로운 별이 탄생한다는 건 불가능했습니다. 달 아래 지상계는 변화하는 공간이지만 달 위 천상계는 완전하고 변하지 않는 공간이었으니까요. 그럼에도 천상계에서 새로운 별이 나타났다는 것은 천상계 또한 변할 수 있는 공간이라는 뜻이었습니다. 7개월 동안 떠 있었던 초신성은 아리스토텔레스와 프톨레마이오스의 천문학을 뒤흔들었지요.

SN 1572에 관한 기록은 덴마크 천문학자 튀코 브라헤Tycho Brahe(1546년~1601년)가 상세하게 남겼습니다. 그는 망원경이 탄생하기 전 오로지 맨눈으로 놀라울 만큼 정밀한 관측 데이터를 남겼죠. 추정 시력이 무려 5.0에 달했던 덕분이었습니다. 브라헤는 새롭게 나타난 별을 관측한 데이터를 정리해《신성에 관하여De Nova Stella》를 출판하면서 천문학자로 이름을 알리기 시작했습니다. 그 명성 덕분에 덴마크 왕에게 영지와 지원을 얻고 천문학 연구에 몰두할 수 있었죠. 그러다가 1577년, 브라헤는 새로운 혜성을 발견했습니다.[9] 또다시 새로운 혜성이 나타났을 뿐 아니라 혜성 궤도가 원형이 아닌 긴 타원형이었기 때문에 아리스토텔레스가 주장한 완전한 천상계에 관한 의구심이 더욱 커졌습니다. 당시 브라헤는 알지 못했지만 이 혜성이 바로 일정한 주기로 지구에 가까워지는 1P/Halley, 곧 핼리 혜성이었습니다.

　　브라헤가 남긴 별과 행성궤도에 관한 관측 자료는 정확하면서도 양이 방대했습니다.[10] 무려 20년에 걸쳐 수만 번 직접 관측하고 기록한 결과물이기도 했지요. 또한 브라헤는 코페르니쿠스의 지동설을 알고 있었고 관측을 통해 지동설이 타당한지를 검증하려고 노력했습니다. 그러나 그가 아무리 시력이 좋았다고 해도 맨눈으로 관측한 결과만으로 지동설을 명확하게 증명하기는 어려웠죠. 그래서 브라헤는 달과 태양은 지구 주위를 돌지만 다른 행성들은 태양 주위를 돈다는 새로운 체계를 제시했습니다. 기존 천동설을 유지하면서도 지동설을 일부 받아들인 절충안을 제시한 것이죠.

브라헤가 천문학자들 사이에서 '전설적인 시력'이라 불릴 정도로 재능이 뛰어났다는 사실을 고려했을 때, 그가 지동설이 일반화된 뒤 태어났더라면 더 많은 업적을 남겼을지도 모른다는 아쉬움이 남습니다. 하지만 브라헤는 당시 천문학자들이 활용할 수 있는 매우 유용한 관측 자료를 풍부하게 남겼고, 천문학과 물리학의 발전에서 중요한 징검다리 역할을 했습니다.

별의 움직임을 풀이하는 한 줄의 방정식

브라헤의 방대한 관측 자료를 바탕으로 그의 제자 요하네스 케플러Johannes Kepler(1571년~1630년)는 새로운 이론을 탄생시켰습니다. 케플러는 원래 신학과에 진학했지만 정작 수학과 천문학에 더 빠져들었습니다. 26세에 코페르니쿠스설을 옹호한 최초의 출판물인 《우주 구조의 신비Mysterium Cosmographicum》를 출간하면서 천문학계에 이름을 알렸고 브라헤의 조수가 될 수 있었죠. 그러나 케플러가 조수로 들어간 지 2년이 안 되어 스승인 브라헤는 병이 들었고 모든 관측 자료를 케플러에게 남긴 뒤 결국 세상을 떠났습니다. 케플러에게 방대한 천문 자료를 본격적으로 연구할 수 있는 기회가 생긴 것이었죠.

케플러도 처음에는 행성궤도가 원형일 것이라고 생각했습니다. 그는 창조 이전에도 기하학이 있었다고 믿을 만큼 수학을 중요시했으며, 플라톤이 《티마이오스》에서 이야기했던 '자연세계가 5종류의 정다면체로 이루어졌다'는 관점에도 많은 영향을 받았습니다.

하지만 브라헤의 화성 관측 자료는 케플러의 예상과 달랐습니다. 관측에 따르면 화성뿐 아니라 목성, 토성도 밤마다 동쪽으로 움직이다가 가끔 서쪽으로 되돌아가는 모습을 보였죠. 화성의 공전궤도가 원형이라면 언제나 같은 방향으로만 움직여야 하는데 실제로는 그렇지 않았던 것입니다. 결국 케플러는 6년 동안이나 화성의 공전궤도 분석에 매달리며 이론과 실제 관측 결과 사이의 괴리를 좁혀갔습니다.

오랜 분석 끝에 케플러는 한 가지 결론을 내렸습니다. 화성은 태양과의 거리에 따라 속도가 달라지며 타원궤도를 그리며 태양 주위를 움직인다는 것이었죠. 이것이 케플러 제1법칙입니다. 다른 행성들도 마찬가지로 태양에서 멀어지면 속도가 느려지고 가까워지면 속도가 빨라지는데, 이 현상을 '부등속 타원운동'이라고도 합니다. 이 법칙은 태양 주위를 도는 행성뿐 아니라 지구 주위를 도는 달에도 적용됩니다. 달 역시 타원궤도를 그리기 때문에 지구에 특히 가까워지면 달의 크기가 상당히 커져 슈퍼문supermoon이 관측되기도 하지요.

그런데 부등속 타원운동을 만드는 힘은 어디에서 오는 걸까요? 케플러는 태양 자체가 행성들의 공전궤도를 결정한다고 생각했습니다. 당시 태양은 빛과 열을 통해 우주 만물에 생명력을 주는

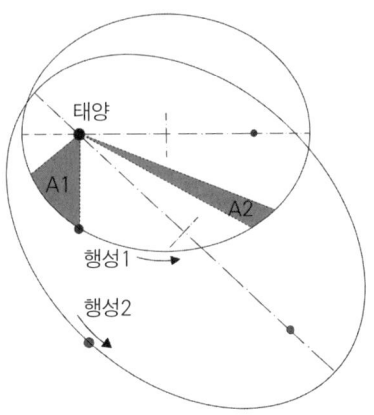

⑤ 케플러의 3가지 법칙

(1) 행성의 공전궤도는 타원형이며 따라서 태양까지의 거리가 달라진다.
(2) 행성이 같은 시간 동안 이동한 두 영역(A1과 A2)의 면적은 같다.
(3) 두 행성의 공전주기의 비는 공전 반지름과 수학적 비례관계다.

존재로 생각됐기 때문입니다. 한편 이 시기 과학계에서는 자기력 magnetic force의 존재가 새롭게 발견되었고, 1600년에 영국 물리학자 윌리엄 길버트William Gilbert(1544년~1603년)는 《자석, 자성체, 거대한 자석 지구에 관하여De Magnete Magneticisque corporibus, et de Magno Magnete Tellure》를 출간하며 지구가 거대한 자석이라고 적었습니다. 케플러는 지구와 마찬가지로 태양도 하나의 자석이며, 태양이 행성들에 미치는 힘 역시 일종의 자기력이라고 생각했습니다.

케플러가 당대 천문학자들과 가장 달랐던 점은 천체가 움직이는 현상을 수학적으로만 해석했다는 것입니다. 케플러 이전 학자들은 신의 존재가 천체를 움직이는 힘이라고 생각한 반면 케플러는 천체가 움직이는 이유에는 관심을 갖지 않았기 때문에 오히려 수학적 규칙을 찾아낼 수 있었죠. 케플러 제2법칙인 면적 속도 일정의 법칙에 따르면 행성의 위치에 따라 공전 속도가 달라져도 공전궤도상 그리는 부채꼴 면적은 일정합니다. 제3법칙인 조화의 법칙에서는 행성의 공전주기와 타원궤도의 반지름 사이 관계를 수식으로 정리했습니다. 역설적으로 케플러 법칙은 기하학적 조화를 추구했던 케플러의 초기 발상과 반대되는 결론이었습니다. 하지만 그는 이론에 맞는 관측 결과만 받아들이지 않고 관측 결과에 따라 이론을 유연하게 수정했습니다. 이는 오늘날의 과학적 태도에 가깝습니다.

또한 케플러 법칙은 천체의 움직임을 수학적으로 분석하여 천문학과 물리학이 통합될 가능성을 보여주었습니다. 추상적인 기하학과 수학적 관계식을 이용해 실제적인 물리학을 표현함으로써 오늘날 천체물리학이라고 불리는 학문을 처음 제시했다고도 할 수 있지요. 그러나 당대 천문학자들은 케플러의 연구에 크게 관심을 기울이지 않았습니다. 케플러 법칙은 행성의 움직임은 설명할 수 있지만 왜 그렇게 움직이는지 이유를 밝혀내지 못한다는 한계가 있었기 때문입니다. 이유 모를 어떤 힘이 행성들의 궤도를 결정하고, 멀리 떨어져 있어도 그 힘이 작용한다는 주장은 신비주의적이라는 편견마저 낳았습니다. 특히 당시 주류였던 아리스토텔레스

역학에 따르면 직접적인 접촉에 의해서만 힘이 작용하기 때문에 케플러의 이론은 배척당할 수밖에 없었습니다. 너무 시대를 앞서 간 발견이었던 것이죠.

그럼에도 케플러는 천문학에 중요한 업적을 남긴 인물입니다. 이전까지 행성의 원형 공전궤도를 의심하는 사람은 없었습니다. 케플러만이 경험적 관측을 바탕으로 행성궤도가 타원이라는 새로운 이론을 이끌어냈죠. 그래서 케플러의 업적이 오히려 '코페르니쿠스적 전환'이라고 주장하는 사람도 있습니다.[11] 케플러의 법칙이 등장하면서 '행성은 왜 원형 궤도가 아니라 타원궤도를 도는가' 하는 물음이 자연스럽게 생겨났기 때문입니다. 후대 천문학자들은 케플러가 설명하지 못한 '천체를 움직이는 힘'을 밝히는 일에 매달리게 됩니다.

(4장)

언제나 진실만을 좇아서

최초의 근대과학자
갈릴레오 갈릴레이

그래도 지구는 돈다

갈릴레오 갈릴레이 Galileo Galilei(1564년~1642년)는 성과 이름이 비슷해서 항상 헷갈립니다. 이탈리아에서는 성을 복수형(-이)으로 이름을 단수형(-오)으로 쓴다고 하니 '갈릴레이'가 성이고 '갈릴레오'가 이름이라고 보면 되겠습니다. 여전히 구분하기 쉽지 않지만 말입니다.

갈릴레이는 최초의 과학자라는 호칭에 가장 적합한 인물입니다. 과학의 핵심 요소인 이론뿐 아니라 실험을 통한 검증을 보여줬기 때문이죠. 또한 근대역학, 더 나아가 현대물리학의 개척자이며 과학의 지위를 높이기 위해 애쓴 인물이기도 합니다. 갈릴레이가 살았던 시대에도 아리스토텔레스 철학과 기독교가 결합한 신학은 절대적인 위치에 있었습니다. 하지만 갈릴레이는 과학과 신학은 별개이며 만약 두 학문이 충돌한다면 과학이 아닌 신학을 조정해야 한다고 주장했습니다. 자연은 바뀌지 않는 실재성이 있기 때문에 자연을 탐구하는 과학이 신학보다 우월하다는 생각을 드러낸 것이죠. 지금 봐도 꽤 혁명적인 주장입니다.

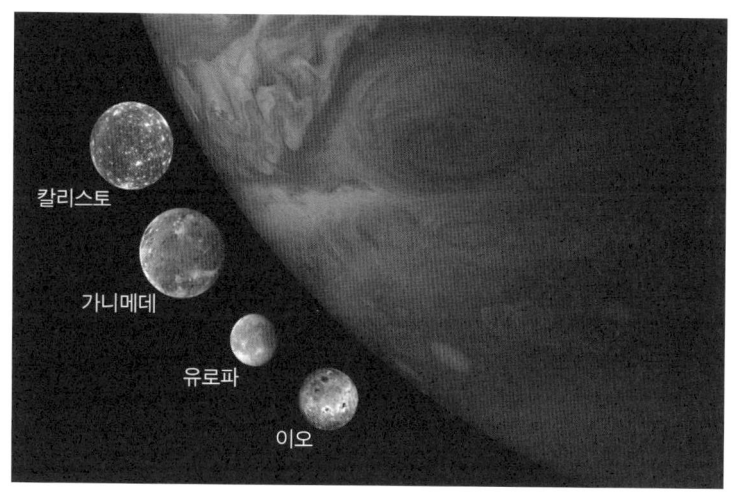

⑥ 갈릴레이가 발견한 목성의 4개 위성
위 이미지는 목성과 위성들의 크기 비교를 위해 만들어진 것으로,
실제 목성 위성이 위와 같이 배열되어 있지는 않다.

 갈릴레이는 이탈리아 피사대학교 의학과에 입학했지만 유클리드와 아르키메데스Archimedes(기원전 287년~기원전 212년)의 매력에 빠져 의학이 아닌 수학에 몰두했습니다.[12] 당시 아리스토텔레스 철학의 영향으로 기술과 실험을 경시하는 분위기가 팽배했지만 그는 손과 기구로 직접 실험하는 일도 마다하지 않았습니다. 또한 망원경을 최초로 발명한 사람은 아니어도 망원경의 원리를 익히면서 직접 배율 높은 망원경을 만들었습니다.

 갈릴레이는 독특하게도 선박 관측용 망원경으로 하늘을 바라봤습니다. 누구나 할 수 있는 일을 통해 아무도 보지 못했던 우주의 모습을 기록한 것입니다. 1610년에 발표한 소논문 〈별들의 소식 Sidereus Nuncius〉에는 목성을 중심으로 도는 4개의 위성, 울퉁불퉁한 달 표면, 수많은 별이 모여 뿌옇게 보이는 은하수, 새로운 별 등 당시 우주에 관한 상식과 전혀 다른 모습이 담겨 있습니다. 특히 지구가 아닌 목성도 무려 4개의 위성을 가진다는 사실은 충격적이었지요. 이 발견은 지구 역시 다른 위성들처럼 태양 주위를 공전하는 행성일 수 있다는 가능성을 암시했습니다.

망원경은 코페르니쿠스의 지동설을 직접 입증하는 훌륭한 도구였습니다. 무엇보다 일반인도 두 눈으로 쉽게 천체를 볼 수 있었기 때문에 점차 아리스토텔레스와 프톨레마이오스의 우주관이 틀렸을 수 있다는 견해가 퍼지기 시작했습니다. 예를 들어 금성은 날짜에 따라 달처럼 차고 기우는데 당대인들도 관측을 통해 이 사실을 알고 있었습니다. 그런데 천동설은 지동설과 달리 금성의 폭넓은 위상 변화를 제대로 설명하지 못했습니다.

그러나 갈릴레이의 관측은 당시 가톨릭 교인과 천문학자 모두의 비난을 받았습니다. 가톨릭 교회와 아리스토텔레스 철학을 따르는 사람들은 1616년에 지동설을 부인하는 새로운 견해를 발표하면서 지동설, 곧 태양이 세계의 중심이라는 학설이 어리석고 비합리적이며 신학의 진리에도 맞지 않는다고 비판했습니다. 게다가 목성 주위에 있는 위성이 '망원경이라는 기계가 만든 환상'이라고 주장하는 천문학자도 있었습니다. 이런 사회적 분위기 속에서 갈릴레이는 1616년에 종교재판을 받았고 코페르니쿠스의 지동설을 지지하지 않겠다는 서약을 해야 했습니다.

그러나 갈릴레이는 신념을 버리지 않고 연구를 계속했고 1616년의 교황령을 무시했다는 죄목으로 1632년에 다시금 종교재판을 받았습니다. 결국 갈릴레이는 지동설에 대한 신념을 포기한다고 선서해야 했습니다. 법정을 나와 "그래도 지구는 돈다"라고 중얼거렸다는 일화가 알려져 있지만 진실은 아무도 알 수 없지요.

떨어지는 공에 숨은 운동법칙

종교재판 때문에 더 이상 천문학 연구를 할 수 없게 되자 갈릴레이는 수학과 물리학에 몰두하면서 새로운 역학적 가설을 세우고 이를 실험으로 입증했습니다. 갈릴레이는 아리스토텔레스와 달리 운동 상태와 정지 상태가 관점에 따라 달리 보이는 상대성을 갖는다고 생각했습니다. 예를 들어 달리는 차 안에서 위로 던진 공을 차 안과 차 밖에 있는 사람 각각이 관찰한다고 가정해봅시다. 차 안에 있는 사람은 공이 수직으로 올라갔다가 내려오는 것처럼 보이고 동시에 자신은 정지해 있다고 생각합니다. 반면 차 밖에 있는 사람에게는 차 안에 있는 사람과 공 모두 달리는 차와 같은 수평 방향으로 움직일 뿐 아니라, 공이 올라갔다가 내려오면서 수직선이 아닌 포물선 경로를 그립니다. 여기서 갈릴레이의 상대성원리에 따르면 차 안에 있는 사람과 밖에 있는 사람 모두 자신의 관성계 내에서 동일한 물리법칙이 적용됩니다.

　더 구체적으로 설명해보겠습니다. 차 안에 있는 사람에게는 공이 운동법칙에 따라 수직으로 올라갔다가 중력의 법칙에 따라 수직으로 떨어지는 것으로 보입니다. 차 밖에 있는 사람에게는 어떨까요? 공이 수직 속도(차 안에서 공을 던진 속도)와 수평 속도(차의 속도)의 합으로 움직이므로 포물선을 그리는 것처럼 보이게 됩니다. 수직으로 받는 힘에 수평으로 받는 힘이 더해질 뿐이지요. 겉으로는 차 안팎에서 운동이 다르게 보이지만 사실 두 상황 모두 공에 운동과 중력이라는 동일한 법칙이 적용됩니다. 다시 말해 갈릴레이의 상대성 원리는 관성계에 상관없이 물리법칙이 일관되게 적용된다는 사실을 보여줍니다.

　또한 갈릴레이는 간단한 실험을 통해 단번에 새로운 개념을 보여주기도 했습니다. 대표적인 예는 피사의 사탑에서 공을 떨어뜨린 실험입니다. 무거운 금속공과 가벼운 금속공을 사탑 꼭대기에서 동시에 떨어뜨려도 두 공은 바닥에 동시에 떨어지죠. 아리스토텔레스의 운동론에 따르면 무거운 물체는 가벼운 물체보다 빠르게 떨어져야 하고 무게가 같으면 같은 속도로 떨어져야 합니다. 이런 자유낙하 이론은 언뜻 타당해 보이지만 실제로는 그렇지 않습니다. 종이를 떨어뜨리는 걸 생각해보면 쉬운데, 펼쳐진 종이와 뭉친 종이는 무게가 같아도 바닥에 떨어지는 속도는 다릅니다. 오래 전부터 자유낙하 이론에 모순되는 결과가 발견되어왔지만 이를 구체적으로 탐색하거나 반증한 사람은 없었지요. 그런데 갈릴레이는 아리스토텔레스의 운동론에 따라 가설(무게가 다른 두 공의 낙하 시간이 다르다)을 세운 뒤 실험을 통해 모순을 끌어냄으로써(두 공의 낙하 시간이 같다) 가설이 잘못되었음을 증명했습니다.[13] 2,000년 만에 아리스토텔레스의 운동론이 깨지는 순간이었죠.

갈릴레이는 새로운 자유낙하 이론을 정성적으로뿐 아니라 정량적으로도 제시했습니다. 낙하 속도가 시간에 비례한다는 사실을 밝혀낸 것이죠. 다만 피사의 사탑 실험에서처럼 높은 곳에서 물체를 자유낙하시키면 상당히 빠르게 떨어지기 때문에 속도와 시간을 측정하기 어렵습니다. 그래서 갈릴레이는 긴 나무토막 경사면에 선로처럼 홈을 판 뒤 그곳에 공을 굴려서 움직이는 거리에 따른 시간을 측정했습니다. 공이 홈에 걸리며 자유낙하 실험에서보다 느

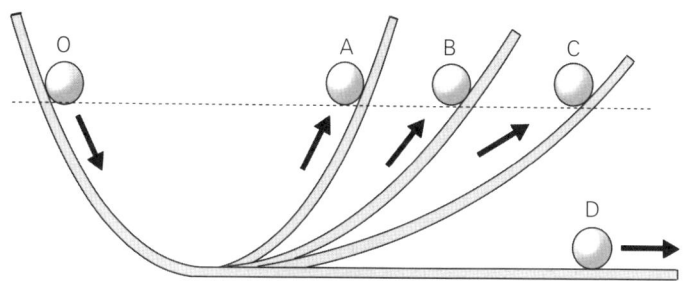

⑦ 갈릴레이 사고실험

리게 굴러 내려오기 때문에 상대적으로 쉽고 정확하게 값을 측정할 수 있었죠. 이 경사면 실험을 통해 그는 물체의 낙하 속도가 낙하 시간의 제곱에 비례한다는 '낙하의 법칙'을 도출했습니다.

갈릴레이는 실험뿐 아니라 논리적 상상을 통해서도 새로운 법칙을 발견했습니다. 역시나 공이 등장합니다. 앞의 그림을 봅시다. 이론적으로 저항이 없다는 가정하에 공을 특정 높이에서 경사면을 따라 굴리면 경사면 각도와 상관없이 같은 높이까지 올라오며(A~C) 경사면이 없이 평평하다면 공은 영원히 굴러갈 것입니다(D). 물론 현실에서는 공과 공기 및 경사면 사이에 각각 저항이 존재하기 때문에 공의 속도가 점점 느려지며 빗면 각도에 따라 공이 올라가는 높이도 달라집니다. 저항이 없다는 이상적 상황에서 갈릴레이가 찾아낸 이 법칙이 바로 '관성의 법칙'입니다.

갈릴레이의 운동 역학에도 한계는 있습니다. 근본적으로는 아리스토텔레스 역학에 한 발 걸친 상태에서 새로운 체계를 만들었기 때문입니다. 특히 등속운동에 관한 상대성원리는 제시했지만 가속도 개념을 고려하지 않았기 때문에 모든 운동을 설명하지는 못했습니다.

하지만 갈릴레이는 다양한 사고실험과 실제 실험을 통해 가설을 검증했다는 점에서 과학적 태도가 무엇인지 보여줬습니다. 수학으로 자연을 설명하고 경험적 사실에서 보편적 법칙을 이끌어 냈죠. 또한 갈릴레이의 상대성원리는 천체와 지상의 운동이 같은 원리를 따를 수 있음을 암시해, 후대 과학자들이 역학적 세계관을 구축하는 데 중요한 역할을 했습니다.

갈릴레이는 생전에 종교계와 사회에서 많은 비판을 받았지만 사후에 명예를 회복했습니다. 그가 1642년에 사망했을 때 당시 교황은 공적 추모와 장례 자체를 허용하지 않았지만 1991년에 교황 바오로 2세는 "갈릴레이의 위대함은 모두에게 잘 알려져 있다. 그러나 우리는 갈릴레이가 교회와 성직자들에게 크게 박해받았음을 숨길 수 없다"라고 선언했습니다. 오랜 시간이 흘러 갈릴레이의 명예가 회복되는 순간이었죠.

5장

혁명을 완성하다

뉴턴의 물리학

가장 위대한 과학자

아이작 뉴턴Isaac Newton(1642년~1727년)은 가장 유명한 과학자 중 한 명입니다. 힘의 단위로 그의 이름을 딴 '뉴턴(N)'이 쓰이며 물리 수업에서 뉴턴의 3가지 법칙이 빠지지 않고 등장합니다. 뉴턴이 남긴 업적이 오늘날까지 영향을 끼친다는 사실이 새삼 느껴지죠.

뉴턴은 과학혁명을 완성한 근대과학의 창시자이면서 동시에 연금술과 성서 연구에 몰두한 독특하고 양면적인 인물입니다. 1936년 소더비경매에 나온 뉴턴의 미출판 기록물 329편 중 3분의 1이 연금술에 관한 것이었습니다. 뉴턴은 연금술로 우주 창조의 비밀을 찾아 헤매기도 하고 성서의 예언을 해석하며 종말을 계산하기도 했습니다. 오늘날 생각하는 이상적인 과학자의 모습과 사뭇 다른 면이 있지요. 또한 살아 있을 때에 대중적인 인기를 누렸지만 인간적으로는 결함이 많았습니다. 누구보다 '이성적' '과학적'이라는 수식어가 잘 어울리는 그의 내면에 천재성과 광기가 공존했다는 점이 흥미롭습니다.

왜 달은 지구로 떨어지지 않는가

뉴턴의 가장 대표적인 업적은 역시 만유인력 universal gravitation 의 발견입니다. 잘 알려진 일화에 따르면 뉴턴은 사과나무 아래에서 달을 바라보다가 사과는 땅으로 떨어지는데 달은 왜 지구로 떨어지지 않는지 고민한 끝에 만유인력이란 개념을 발견했습니다. 물론 그전부터 역학에 관해 수없이 고민했기 때문에 순간적인 발상을 할 수 있었겠죠. 1665년 런던에서 페스트가 창궐하자 23세 나이에 고향으로 돌아간 뒤, 1년 반 동안 만유인력 법칙뿐 아니라 프리즘을 활용한 빛과 색의 개념, 미적분학을 정립하는 등 다양한 업적을 남겼습니다.

만유인력 법칙은 이름 그대로 만물 사이에는 서로 당기는 힘(인력)이 있다는 개념입니다. 사과가 지구로 떨어진 것은 지구가 사과를 당기는 힘의 결과입니다. 이런 힘은 모든 물체가 갖는 고유한 질량에서 발생합니다. 다시 말해 질량을 가진 물체들은 고유의 무게와 함께 주위 물체를 당기는 힘을 갖게 됩니다. 질량이란 물체가 상황에 상관없이 갖는 본질적인 값이지만 무게는 주위 상황에 따라 바뀌는 값입니다. 예를 들어 달과 지구에서 물체의 질량은 같지만 달에서의 무게는 지구의 6분의 1로 줄어듭니다. 달의 중력가속도 값이 지구의 6분의 1에 불과하기 때문이죠.

그런데 달은 왜 지구로 떨어지지 않을까요? 실제 달의 질량은 사과와 비교할 수 없을 정도로 크다는 점을 생각하면 지구가 달을 훨씬 큰 힘으로 당길 텐데 말이죠. 비밀은 두 물체 사이의 거리에 있습니다. 거리가 가까울수록 물체끼리 끌어당기는 힘이 커지고 멀어질수록 힘이 작아집니다. 사과와 지구의 거리에 비해 달과 지구의 거리가 훨씬 멀기 때문에 만유인력이 상대적으로 작고 그 덕분에 달이 지구로 떨어지지 않지요. 동시에 달이 궤도 밖으로 튕겨져 나갈 만큼 멀리 떨어져 있지는 않기 때문에 지구 주위를 일정한 궤도로 돌 수 있는 것입니다.

만유인력은 떨어져 있는 두 물체 사이의 힘을 설명하는 최초이자 정량적인 과학 개념입니다. 물체가 접촉해야 운동이 발생한다는 아리스토텔레스의 운동론과 전혀 다른 새로운 힘이 밝혀진 것이죠. 케플러는 행성의 타원궤도를 보고 태양계에 작용하는 힘이 존재한다고 추측만 했었고, 코페르니쿠스와 갈릴레이도 어떤 힘이 존재한다는 것은 알았지만 그 힘이 무엇인지를 파악하지는 못했습니다. 그런데 마침내 뉴턴이 만유인력이라는 개념을 통해 천체의 운동을 설명한 것입니다.

하지만 만유인력 개념이 세상에 발표되기까지는 의외로 오랜 시간이 걸렸습니다. 당시에는 지구의 직경 등 만유인력 계산에 필요한 값들이 정확하게 알려지지 않아서 뉴턴의 이론과 계산 결과가 완벽하게 맞아떨어지지 않았기 때문이었죠. 처음 만유인력 개념을 발견한 뒤 20년이 넘는 시간 동안 뉴턴은 과학뿐 아니라 연금술이나 종교 같은 분야에도 열중했습니다. 그러던 중 동료이자 '핼리 혜성'을 발견한 것으로 유명한 에드먼드 핼리Edmund Halley(1656년

~1742년)가 뉴턴과 대화하다가 케플러 법칙을 바탕으로 혜성이 궤도를 유지하며 돌 수 있게 하는 힘을 찾고 있다고 말했습니다. 뉴턴은 만유인력을 이용해 핼리가 찾던 답을 제시했고, 핼리는 그 내용을 세상에 알려야 한다고 뉴턴을 설득했습니다. 주저하던 뉴턴은 1687년에 위대한 저작 《프린키피아Principia》를 출판합니다.

고전역학: 지상과 천상을 통합하다

《프린키피아》는 인류 역사상 가장 뛰어난 지적 성취물로 꼽힙니다. 과학혁명은 코페르니쿠스의 《천구의 회전에 관하여》에서 시작해 뉴턴의 《프린키피아》로 마무리되었다고도 하죠. 《프린키피아》에서는 물체의 3가지 운동법칙을 제시합니다. 이 3가지 법칙으로 일상의 물체부터 우주 행성까지, 시공간에 상관없이 물체의 움직임을 설명할 수 있게 되었죠. 이전까지 상상과 추측의 영역이었던 우주를 예상과 이해의 영역으로 바꿨다는 점에서 충분히 대단한 책입니다.

 3가지 운동법칙은 다음과 같습니다. 첫 번째는 '관성의 법칙'으로, 물체에 힘이 작용되지 않으면 물체의 속도는 변하지 않습니다. 이는 힘이 없어도 물체가 운동할 수 있는 원리를 설명해주죠. 두 번째는 '가속도의 법칙'으로, 물체의 가속도(a)는 질량(m)과 반비례하고 힘(F)과 비례하며 '$F=ma$'이라는 수식으로 표현할 수 있습니다. 세 번째는 '작용 반작용의 법칙'으로, 물체에 힘을 가하면 동일한 힘을 반대 방향으로도 받습니다. 이 3가지 법칙은 우리에게 무엇을 알려줄까요? 우선 물체의 질량과 힘, 가속도가 어떤 관계를 갖는지를 명확하게 보여줍니다. 다시 말해 이 법칙을 통해 힘에 따라 물체가 어떻게, 왜 운동하는지를 정량적으로 분석하고 더 나아가 예측까지 할 수 있지요.

뉴턴은 《프린키피아》를 발표하고 45세 나이에 유명 인사가 되었습니다. 《프린키피아》가 당시 천문학의 가장 큰 문제였던 케플러의 법칙을 설명할 수 있다는 이야기가 퍼졌기 때문이었죠. 하지만 정작 당시 《프린키피아》를 제대로 이해하는 사람은 별로 없었습니다. 공리에서 명제들을 논증해나가는 서술 방식 때문에 책을 읽으려면 수학적 사고력이 필요했기 때문입니다. 누군가 책을 어렵게 쓴 이유를 묻자 뉴턴은 "소인배들의 수박 겉핥기식 접근을 막기 위해서"라고 대답했다는 설도 있죠.[14]

《프린키피아》를 기점으로 인간은 수학이라는 도구를 통해 우주의 모든 운동을 설명할 수 있게 됐습니다. 아리스토텔레스부터 이어진 천상계와 지상계의 구분은 만유인력이 공통적으로 작용하는 공간으로 통합되었습니다. 다시 말해 만유인력은 갈릴레이가 발견한 지상 운동법칙과 케플러가 발견한 천상 운동법칙이 사실 동일한 현상임을 보여줍니다. 또한 갈릴레이의 경사면 실험은 관성의 법칙으로, 자유낙하 이론은 가속도 법칙으로 설명할 수 있습니다. 따라서 뉴턴은 근대 천문학과 역학의 기본 원리를 완성한 인물입니다. 20세기 양자역학quantum mechanics이 등장하기 전까지 자연세계의 모든 운동을 설명했고, 오늘날에도 수많은 운동을 설명하는 중요한 '원리'를 제시했다는 점에서 뉴턴의 위대함이 다시 한 번 실감됩니다.

뉴턴의 혁신적인 역학에 매료된 이들도 많았지만 한계를 비판하는 사람들도 있었습니다. 고국인 영국에서와 달리 프랑스, 네덜란드, 독일 등 대륙 국가에서는 뉴턴을 비판하는 분위기가 지배적이었다고 알려져 있습니다. 대륙에서 유행하던 데카르트주의에 따르면 물체 사이의 힘은 직접 접촉해야만 작용할 수 있는데, 뉴턴에 따르면 만유인력이라는 독특한 힘 때문에 물체끼리 직접 접촉하지 않아도 움직일 수 있습니다. 데카르트주의자들에게는 이 '보이지 않는 힘' 개념 자체가 과학혁명을 통해 타파하고자 했던 미신적 요소를 다시 소환하는 것처럼 보였던 것이죠.

신이 '뉴턴이 있으라'고 말씀하시매

뉴턴은 행성 운동을 계산하는 과정에서 미적분학을 발견하기도 했습니다. 뉴턴과 고트프리트 빌헬름 폰 라이프니츠Gottfried Wilhelm von Leibniz(1646년~1716년) 중 누가 최초로 미적분을 발견했는지에 관해서는 논쟁의 여지가 있지만 뉴턴이 미적분학을 활용해 운동을 설명한 것은 사실입니다. 미적분학을 운동 분석에 활용하는 이유는 미적분학으로 시간에 따른 물체의 위치 변화를 계산해 물체의 운동을 파악할 수 있기 때문입니다. 위치 변화율 자체의 변화율을 계산하면 속도 변화율을 알 수 있고 이는 곧 가속도로 나타납니다. 다시 말해 뉴턴의 제2법칙인 가속도의 법칙을 설명하기 위해서는 미적분학 개념이 필수적이었습니다.

한편 광학에서도 뉴턴은 중요한 업적을 남겼습니다. 《프린키피아》에 비해 잘 알려져 있지는 않지만 저서 《광학Optiks》을 통해 과학 실험이 자연을 연구할 때 얼마나 중요한지를 보여줬습니다. 특히 《프린키피아》가 내용을 이해할 수 있는 학자만을 독자층으로 삼은 어려운 책이라면 《광학》은 광범위한 독자가 쉽게 실험을 따라할 수 있는 책이었죠. 그중 하나가 프리즘을 이용한 실험으로, 백색광은 프리즘을 통과하면 7가지 무지갯빛으로 갈라졌다가 다시 프리즘을 통과하며 백색광으로 합쳐집니다. 다양한 광학 실험과 관측 결과를 바탕으로 뉴턴은 빛이 미세한 입자라고 생각했습니다. 빛은 광원에서 쏟아져 나오는 알갱이들이고 아주 빠른 속도로 직선 운동한다는 것입니다. 그렇지만 입자설만으로는 설명할 수 없는 현상들이 관측되었기 때문에 빛의 본질이 입자성인지 파동성인지에 관한 논쟁은 20세기가 지나서야 끝났습니다.

영국 시인 알렉산더 포프Alexander Pope(1688년~1744년)는 뉴턴에게 이런 찬사를 보냈습니다. "자연과 자연법칙은 어둠 속에 숨겨져 있었다. 신이 '뉴턴이 있으라'고 말씀하시매 모든 것이 밝혀졌다." 찬사에서 알 수 있듯이 사람들은 뉴턴의 발견을 통해 자연을 과학적으로 이해하게 됐습니다. 뉴턴의 3가지 법칙을 기반으로 자연에서 운동이 어떻게 일어날지 계산하고 예측할 수 있게 되었죠. 뉴턴의 법칙은 경험적 사실을 바탕으로 탄생한 이론입니다. 특히 실험을 중시하는 분위기는 갈릴레이 시대에 시작되어 점차 영향력이 커져갔고 마침내 이론과 동등한 위치에 올랐습니다. 과학의 기본 원칙인 '실험을 통한 입증'이 자리 잡은 것이지요. 곧 뉴턴은 과학적 발견의 측면에서든 과학 개념의 확립에서든 과학혁명을 완성한 인물입니다. 먼 훗날 알베르트 아인슈타인Albert Einstein(1879년~1955년)이라는 새로운 과학자가 물리학의 지평을 넓히기 전까지 뉴턴의 과학은 200년이 넘는 세월 동안 과학계를 이끌었습니다.

정복을 꿈꾸다

격변을 이끈 근대과학

3부

뉴턴이 과학혁명을 촉발한 17세기 이후 유럽 사회는 크게 변화했습니다. 정치적으로는 전제정치 체제를 지나 계몽주의의 시대로 접어들었습니다. 계몽주의 사상은 인간이 이상적인 사회를 만들 수 있다는 믿음을 바탕으로 중세의 기독교적 이념을 몰아내기 시작했습니다. 모든 권위가 본격적으로 무너지면서 새로운 '개인'들이 탄생했고 개인성이 훨씬 중요한 시대가 되었습니다. 물론 변화가 쉽지만은 않았습니다. 예를 들어 프랑스에서는 혁명을 통해 왕조를 무너뜨렸지만 혁명 때문에 생긴 피해와 혼란이 결코 적지 않았지요. 그럼에도 계몽주의와 개인주의는 거스를 수 없는 흐름이었습니다.

엄격했던 사회에서 벗어나 개인의 감정과 선택을 중요시하는 경향성은 사회와 문화에도 반영되었습니다. 문학계에서는 독일의 대문호 요한 볼프강 폰 괴테Johann Wolfgang von Goethe(1749년~1832년)가 《젊은 베르테르의 슬픔Die Leiden des jungen Werthers》을 발표했습니다. 이룰 수 없는 사랑에 괴로워하다 끝내 자살을 택하는 주인공은 과거 작품에서는 찾아보기 힘든 모습이었죠. 프랑스에서는 볼테르Voltaire(1694년~1778년)가 《캉디드Candide ou l'optimosme》를 통해 이성적 낙관주의를 보여주었습니다. 한 인물이 온갖 풍파를 이겨내고 평온한 삶을 누리게 되는 이야기를 특유의 위트와 글솜씨로 풀어냈죠. 한편 음악계에서는 루트비히 판 베토벤Ludwig van

Beethoven(1770년~1827년)이 등장했습니다. 베토벤은 괴테와 함께 산책을 하다가 귀족을 만났을 때 끝까지 인사를 하지 않을 정도로 자기애가 강한 인물이었고, 그 개인성이 음악에도 고스란히 반영되었습니다.

계몽주의가 발달할 수 있었던 여러 요인 중 하나는 산업혁명입니다. 일반적으로 산업혁명은 영국에서 시작되어 18세기 중반부터 19세기 초반까지 이어진 기술혁신과 사회 변화를 의미합니다. 꼭 과학 때문에 산업이 발전했다고 보기는 어렵지만 과학이 본격적으로 사회에 영향을 주기 시작하면서 이성과 기술을 통해 인간과 사회를 바꿀 수 있다는 믿음이 퍼져나가기 시작했습니다.

새로운 시대가 도래하자 과학에서도 화학, 생물학, 열역학, 전자기학 등 여러 학문이 탄생하면서 그 내용이 더 풍성해졌습니다. 가장 흥미로운 점은 이제 인간이 과학을 통해 자연을 이해하는 것을 넘어서서 자연의 막대한 힘을 능동적으로 이용할 수 있게 되었다는 것입니다. 역사학자 유발 하라리 Yuval Harari(1976년~)는 《사피엔스 Sapiens》에서 산업혁명을 '에너지를 다른 에너지로 변환하는 에너지전환기술의 발명'으로 해석했습니다.[1] 예를 들어 증기기관이 발명되면서 열에너지를 운동에너지로 변환할 수 있게 되었고 대량생산이 가능해졌습니다. 동시에 자연을 파괴할 수 있는 힘도 얻었죠.

"과학의 발전이 꼭 이롭기만 한 방향인가?"에 대해서는 각자 생각이 다르겠지만 산업혁명기를 지나며 과학의 영향력이 훨씬 커졌다는 사실만은 분명합니다.

(1장)

에너지 혁명

산업혁명과 증기기관

세상을 바꾼 엔진

과학의 가장 큰 특징은 체감될 만큼 직접적인 영향을 일상생활에 끼친다는 점입니다. 최근에는 IT기술을 기반으로 한 제4차 산업혁명이 있었습니다. 그런데 제4차 산업혁명이라는 단어가 탄생한 2016년부터 8년 가까이 지난 지금, '일상생활이 이전과 비교해 완전히 달라졌는가?'라는 질문에는 쉽게 대답하기 어렵습니다. 최소한 근대 산업혁명만큼 극적인 변화를 만들지는 못하고 있죠.

산업혁명은 1760년 영국에서 최초로 시작되었습니다. 증기기관, 곧 엄청난 힘으로 쉬지 않고 작동하는 기계가 탄생했고 인류 최초로 자동화된 공장이 만들어졌습니다. 면직 산업에서는 옷을 대량으로 찍어냈고 제철 산업에서는 엄청난 양의 철을 공급하며 대량생산, 대량소비, 산업화의 시대를 이끌었습니다.

인간이 자연을 이용할 수 있게 된 핵심 기술이 바로 증기기관입니다. 증기의 열에너지를 기계적인 일로 바꾸는 증기기관 덕분에 사용할 수 있는 에너지양이 폭발적으로 증가했죠. 기본적으로 증기기관은 밀폐된 실린더 내부의 공기가 가열됐을 때 부피가 팽창하면서 피스톤을 밀어내는 힘을 이용합니다. 실린더에 열을 가해 내부 압력을 높이면 피스톤이 위로 올라가고, 다시 공기를 식히면 압력이 낮아지면서 실린더 외부의 대기압 때문에 피스톤이 아래로 내려가게 되죠. 이때 피스톤이 움직이는 힘은 실린더 내부와 외부의 기압차 때문에 발생합니다.

증기기관은 1712년에 영국 발명가 토머스 뉴커먼Thomas Newcomen(1633년~1729년)이 최초로 발명했다고 알려져 있습니다. 그런데 뉴커먼의 증기기관은 열효율이 떨어져 실제로 사용하기는 어려웠습니다. 이 증기기관은 보일러를 가열해 만든 증기로 피스톤을 밀어 올리고, 다시 차가운 물을 부어 증기를 식히면서 피스톤을 내리는 방법을 사용했습니다. 피스톤을 올린 증기를 한 번만 사용하고 버리는 데다가 매번 피스톤 안에 증기를 채워야 했기 때문에 매우 비효율적이었죠.

증기기관의 효율성 문제를 획기적으로 개선한 인물은 바로 제임스 와트James Watt(1736년~1819년)입니다. 증기기관이라고 하면 떠오르는 대표적인 인물이죠. 와트는 어느 날 대학에서 증기기관 모형을 수리해달라는 요청을 받습니다. 수리 과정에서 그는 원래 증기기관보다 크기가 작은 모형이 고장난 게 아니라 열효율이 떨어져 제대로 작동하지 않았다는 사실을 발견합니다. 반대로 크기가 작더라도 열효율이 높았다면 잘 작동할 수 있었던 것이지요. 증기기관의 열효율을 높일 방법을 고민하기 시작한 와트는 1765년에 증기만 따로 빼서 냉각하는 방법을 제시합니다. 이전까지 사람들이 증기기관에서 오르내리는 실린더에만 집중했다면 와트는 실린더를 움직이는 증기에 집중한 것입니다. 대기압을 이용하는 뉴커먼의 증기기관에는 상대적으로 큰 기계가 필요했던 반면 와트의 증기기관은 증기압을 모아서 압력을 높이는 방식이었기 때문에 작은 기계로도 큰 힘을 만들 수 있었습니다. 증기기관의 크기가 작아지자 다양한 산업 분야에 증기기관을 활용하는 길이 열렸습니다.

열이란 무엇인가

증기기관의 활용성이 커지자 학자들은 열이 무엇인지 탐구하기 시작했습니다. 열에 관한 지식을 얻을수록 더 효율적인 증기기관을 만들 수 있었기 때문이죠.

차가운 물에 뜨거운 물을 붓는 상황을 생각해봅시다. 차가운 물이 점점 미지근해지면서 온도가 올라갈 것입니다. 그렇다면 열은 어떻게 이동하는 것일까요? 과거 사람들은 '열소caloric'라는 입자가 열이라는 현상에 관여한다고 생각했습니다. 스코틀랜드 화학자 조지프 블랙Joseph Black(1728년~1799년)은 열이 흐르는 현상이 플로지스톤phlogiston(17세기 가연성 물질에 타기 쉬운 성질을 부여한다고 생각된 가상의 입자)과 관련된다고 생각했고, 화학의 선구자 앙투안로랑 라부아지에Antoine-Laurent Lavoisier(1743년~1794년) 역시 어떤 입자가 열을 흐르게 한다고 생각했습니다. 이때 열소가 흐르려면 두 물체의 온도가 달라야 합니다.

하지만 열에 관한 탐구가 이어지면서 열소가 존재하지 않는다는 사실이 밝혀졌습니다. 영국의 물리학자 벤자민 톰슨 럼퍼드Benjamin Thompson Rumford(1753년~1814년)는 열소 없이도 열이 발생할 수 있다는 것을 발견합니다. 대표적인 예가 대포의 포신을 뚫을 때 많은 열이 발생하는 현상입니다. 포신이 뚫리는 대포와 대포에 구멍을 뚫는 물체 사이에는 마찰 때문에 막대한 열이 생깁니다. 그런데 두 물체는 온도가 비슷하기 때문에 열소가 흐를 수 없고 따라서 열이 발생하면 안 됩니다. 비슷한 시기 영국의 화학자 험프리 데이비Humphry Davy(1778년~1829년)도 두 얼음 덩어리를 서로 문지르면 얼음이 녹는 현상을 발견하면서 열소에 의문을 제기했습니다. 얼음을 녹이는 열은 두 얼음 사이에서 새로 생겨나지도 않았고 얼음 사이에서 흐르지도 않았습니다. 이런 발견들을 통해 사람들은 더 이상 열소 개념으로 열을 설명할 수 없음을 깨달았습니다.

그렇다면 열이란 무엇일까요? 그 대답은 뜻밖에도 증기기관의 효율을 개선하기 위한 탐구에서 나오게 됩니다. 프랑스의 물리학자이자 공학자 사디 카르노Sadi Carnot(1796년~1832년)는 1824년에 열을 이용한 증기기관인 열기관의 열효율을 탐구하는 과정에서 열기관이 할 수 있는 일의 양은 다른 요소와 상관없이 오로지 최고 온도와 최저 온도의 차이에 따라 결정된다는 것을 알아냅니다. 높은 위치에 있는 물이 낮은 위치로 떨어질 때 발생하는 일의 양이 높이 차이에만 영향을 받는 것과 동일한 개념이죠. 다시 말해 열은 일의 다른 형태입니다. 이렇게 열이 일이나 운동과 관련 있다는 개념은 열역학의 탄생으로 이어졌습니다.

뜨거운 물체는 왜 항상 차가워질까?

이 세상에 존재하는 모든 물체는 나름의 열에너지를 갖고 있습니다. 물리학에서 에너지란 일을 할 수 있는 '능력'을 의미합니다. 정의에서 알 수 있듯이 에너지 자체는 직접 보거나 만질 수 있는 물체가 아닙니다. 하지만 열, 전기 같은 다른 물리 현상을 통해 에너지를 활용할 수는 있죠. 큰 에너지를 갖는 물체는 더 많은 양의 일을 할 수 있는 능력이 있습니다. 여기서 일이란 물체에 힘을 가했을 때 힘이 가해진 방향으로 얼마만큼 움직이는지를 보여주는 물리량입니다.

근본적으로 열은 에너지의 한 형태로 존재합니다. 예를 들어 냉장고는 전기에너지를 이용해 내부의 열을 흡수하고 외부로 열을 방출합니다. 이처럼 열이 다른 에너지로 교환될 수 있다는 사실을 처음 밝혀낸 인물은 제임스 줄 James Joule (1818년~1889년)입니다. 줄은 물체와 바퀴를 끈으로 연결한 뒤 물체를 높은 위치에서 떨어뜨릴 때 생기는 바퀴의 열을 측정했습니다. 더 높은 위치에서 물체를 떨어트릴수록 바퀴는 더 뜨거워졌고, 회전하는 바퀴에서 생성된 열의 양과 이 열이 발생하기 위해 필요한 위치에너지의 양이 같

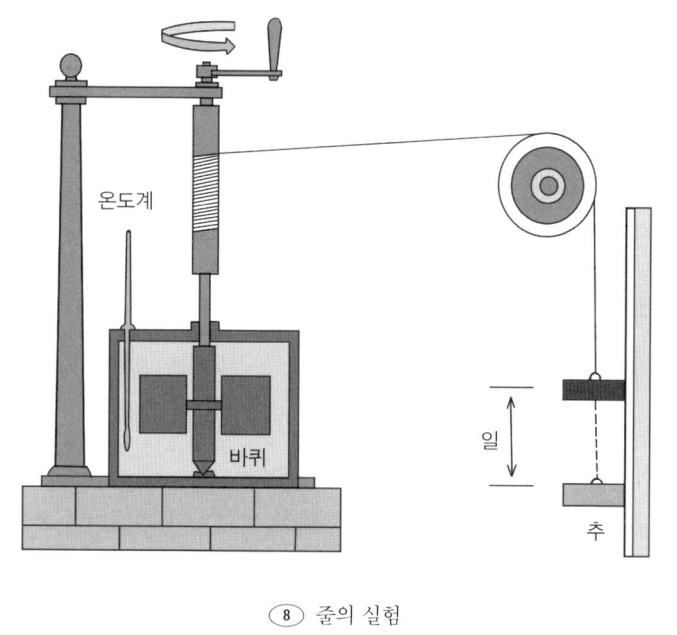

⑧ 줄의 실험

앞습니다. 이를 통해 2가지 흥미로운 사실을 알 수 있습니다. 첫째, 열과 역학적 에너지가 서로 변환이 가능하고, 둘째, 에너지가 한 형태에서 다른 형태로 바뀌더라도 보존된다는 것이죠. 그의 발견을 기리며 우리는 에너지와 일의 단위에 '줄(J)'을 사용하고 있습니다.

줄의 실험은 열역학 법칙이 탄생하는 계기가 되었습니다. 오늘날 열역학 법칙에는 3가지가 있습니다. 제1법칙, 에너지가 보존된다. 제2법칙, 고립된 계에서는 엔트로피entropy가 감소하지 않는다. 제3법칙, 절대영도에서 엔트로피가 0이 된다. 이 세 법칙은 우리가 살아가는 우주에서 에너지가 어떻게 변환되며 어떤 방향으로 변하는지를 보여줍니다. 하나씩 살펴보겠습니다.

열역학 제1법칙 또는 에너지 보존 법칙에 따르면 열과 일이 동일한 양으로 서로 변환될 수 있습니다. 다만 현실에서는 에너지 전환이 비가역적입니다. 어떤 에너지가 다른 종류로 바뀌는 과정에서 유용한 에너지가 줄어들기 때문이지요. 대표적인 원인이 물체 사이의 마찰입니다. 대포 포신을 뚫을 때 열이 발생했던 것처럼 마찰 때문에 운동에너지가 열에너지로 손실되기도 합니다.

열역학 제2법칙은 자연적인 에너지 흐름의 방향성을 알려줍니다. 뜨거운 물은 식게 마련이지만 차가운 물은 저절로 뜨거워지지 않습니다. 전자레인지처럼 외부에서 에너지가 가해져야 차가운 물이 뜨거워질 수 있지요. 이런 현상을 '고립된 계에서는 엔트로피가 감소하지 않는다'라고 표현하는 것입니다. 다시 말해 자연에서 에너지는 엔트로피가 증가하는 방향으로 흐릅니다.

엔트로피는 에너지 흐름의 방향성을 설명하기 위해 도입된 개념으로 무질서한 정도를 의미합니다. 질서정연한 상태일수록 엔트로피가 낮고 무질서한 상태일수록 엔트로피가 높습니다. 또한 엔트로피는 물질의 상태가 나타날 수 있는 확률과 관련 있습니다. 예를 들어 물에 잉크 한 방울을 떨어뜨리면 시간이 지나면서 잉크가 물 전체로 고르게 퍼지지만 그 반대의 경우는 일어나지 않습니다. 왜냐하면 잉크가 한곳에 몰려 있을 확률보다 물 전체에 있을 확률이 훨씬 높기 때문입니다. 다시 말해 엔트로피는 항상 낮은 곳에서 높은 곳으로 이동하고 반대의 경우는 자연적으로는 일어나지 않으며 에너지나 외부의 일이 있어야 일어납니다. 예를 들어 물에 뒤섞인 아주 미세한 잉크 입자를 하나씩 옮기는 일을 해준다면 다시 원래의 잉크와 물로 나눌 수 있겠죠.

우주 어디에서든 통하는 법칙

엔트로피가 물질의 상태 확률과 연관된다는 개념은 열역학이 통계역학이라는 다른 학문과 융합되면서 탄생했습니다. 열역학과 통계역학의 관계는 고전역학과 양자역학의 관계와 비슷합니다. 고전역학이 거시세계를, 양자역학이 미시세계의 운동을 연구하듯이 열역학은 거시세계를 다루고 통계역학은 미시세계의 열을 거시적 열역학과 연결해줍니다. 통계역학은 통계적 방법으로 역학에 접근하는 학문으로, 입자가 매우 많거나 대상의 운동이 복잡해서 실제 물리적 현상을 정확히 이해하기 어려울 때 활용합니다. 입자가 아주 많아지면 개별 입자의 운동을 이해하기가 거의 불가능하기 때문에 통계역학에서는 입자의 운동을 평균적으로 파악해 입자들의 집단이 보여줄 거시적 행동만 고려하는 것이죠.

열역학에서 통계적인 관점을 적용한 인물은 제임스 클러크 맥스웰James Clerk Maxwell(1831년~1879년)과 루트비히 볼츠만Ludwig Boltzmann(1844년~1906년)입니다. 이들은 열을 갖는 물체가 매우 작은 수많은 입자로 이루어져 있으며 입자들의 거동을 통해 거시적인 열역학을 이해할 수 있을 것이라고 생각했습니다. 실제로 자연에서 기체 입자들의 온도가 같더라도 모든 입자가 같은 상태에 있는 것은 아니며 특정 온도를 중심으로 속도 분포를 갖지요.

그런데 통계역학으로 열역학을 해석하다 보면 때때로 열역학 법칙을 거스르는 상황이 나타나기도 합니다. 대표적인 예가 맥스웰이 제안한 '악마의 사고실험'입니다. 이 실험에서는 다음과 같은 상황을 가정합니다. 고립된 방에 두 종류의 기체 혼합물이 채워져 있고, 방 가운데에 문이 있어서 공간을 둘로 나눌 수 있습니다. 방 밖에 있는 악마는 이 문을 여닫을 수 있지요. 뜬금없이 등장한 이 악마는 열역학 제2법칙을 파괴하는 존재로, 혼합된 두 기체를 같은 종류끼리 모으고 싶어합니다. 악마는 문으로 오는 기체 분자molecule 하나하나를 맨눈으로 볼 수 있는 초인적 능력을 갖고 있습니다. 혼합된 두 기체 분자는 서로 무게와 속도가 다르기 때문에 악마가 매 순간 문을 보고 있다가 원하는 기체 분자에만 문을 열어줄 경우 결국 혼합된 두 기체는 분리될 것입니다. 그런데 이때 악마는 기체 분자를 건드리지 않기 때문에 운동을 위한 일을 하지 않습니다. 그럼에도 불구하고 기체는 혼합된 상태(엔트로피가 높다)에서 분리된 상태(엔트로피가 낮다)로 바뀝니다. 이는 외부의 일 없이는 엔트로피가 감소하지 않는다는 열역학 제2법칙을 위배합니다.

맥스웰이 이 문제를 제기했던 당시에는 정확한 검증이 불가능했습니다. 그렇지만 1956년, 레옹 브리유앵Léon Brillouin(1889년

~1969년)은《과학과 정보이론Science and Information Theory》에서 엔트로피와 정보 이론 사이의 관계를 밝혀내 이 문제를 해결했습니다. '정보 엔트로피information entropy'는 '정보'가 단순한 지식이 아니라 엔트로피를 비롯한 열역학 현상에 영향을 끼친다는 관점입니다. 다시 말해 악마가 분자를 분리하기 위해서는 분자에 대한 정보를 얻어야 하는데, 이렇게 정보를 얻는 과정 역시 열역학적으로 엔트로피 변화를 초래합니다. 악마가 분자에 관한 정보를 얻는 과정에서 엔트로피가 증가하므로 이 실험에서도 열역학 제2법칙이 유지된다는 것이죠.

열역학 제3법칙은 0켈빈(-273도) 또는 절대온도에서 물체의 엔트로피가 0에 가까워진다는 법칙입니다. 절대온도를 일상에서 접할 일은 없습니다. 다만 엔트로피가 0인 절대온도를 기준으로 삼아 다른 온도에서의 상대적 엔트로피값을 계산할 수 있지요. 한편 엔트로피가 0에 가까워진다는 건 물체를 이루는 원자나 분자의 무질서도가 최솟값에 가까워진다는 뜻입니다. 곧 열역학 제3법칙은 온도가 낮아질 때의 물질의 거동을 설명할 수 있습니다.

사실 이 3가지 열역학 법칙은 경험적입니다. 에너지가 보존되고, 엔트로피가 증가하는 방향으로 열이 흐르고, 온도가 내려가면 엔트로피가 감소하는 현상은 자연에서 관측 가능하지요. 그러나 왜 자연에서 열역학 법칙이 나타나는지에 관해서 열역학만으로는 설명할 수 없습니다. 20세기에 과학에서 물질의 구조를 전자나 원자핵 수준으로 파악할 수 있게 된 뒤에야 답을 찾았죠. 그러나 우주

어디에서든 열역학 법칙이 똑같이 적용된다는 점에서 열역학 법칙은 단순히 산업적 활용을 넘어 자연에서의 열을 보편적으로 설명하는 훌륭한 법칙입니다.

(2장)

물질의 신비를 풀다

플로지스톤부터
주기율표까지

2,000년 넘게 던진 질문

"세상 만물은 무엇으로 이루어져 있을까?"라는 질문은 고대 그리스 시대부터 이어졌습니다. 이 질문에 답하는 과정에서 근대화학이 탄생했습니다. 화학은 '물질의 정체와 변환을 연구하는 자연과학'으로서 물질이 무엇으로 이루어져 있고 어떻게 변하는지를 설명하죠.

오늘날 화학을 통해 우리가 몰랐던 자연 속 수많은 물질이 어떤 원소로 이루어져 있는지, 물질의 잠재적 위험성과 유익성이 무엇인지 정확하게 파악하고, 화학적 성질을 바탕으로 새롭게 발견한 물질의 특성을 예측할 수 있습니다. 테러에 쓰인 독극물이 정말 위험한지 여부를 판단할 때에도 화학을 기반으로 분석합니다. 만일 화학이 없었다면 미지의 물질에 독성이 있는지 없는지 직접 몸에 실험해봐야 했을지도 모릅니다.

근대화학의 탄생은 과학이 가진 경향성을 잘 보여줍니다. 첫째, 점차 대답하고자 하는 질문이 구체화됩니다. 화학의 전신인 연금술의 목적은 값싼 물질을 금으로 바꾸고 자신의 영혼을 고양시키는 것이었습니다. 게다가 연금술에는 물질을 변환시키는 것을 넘어 인간의 영혼과 정신을 완성하겠다는 다소 모호한 목표도 있었습니다. 반면 화학은 세상이 무엇으로 이루어졌는지를 파고듭니다. 둘째, 기존 이론으로 설명할 수 없는 실험 결과를 이해하는 과정에서 새로운 이론이 등장합니다. 화학에서 플로지스톤, 원소, 원자, 분자 같은 개념이 이렇게 탄생했죠. 특히 기존 결과와 새로운 결과를 통합적으로 설명할 수 있는 기본 원리를 제시하는 과정에서 위대한 과학자들이 이름을 남겼습니다.

흔히 '화학의 아버지'로는 라부아지에를 꼽습니다. 그가 살았던 18세기까지도 '세상은 무엇으로 이루어져 있는가?'에 대한 과학자들의 대답은 데모크리토스의 원자론과 아리스토텔레스의 4원소설에서 크게 벗어나지 못했습니다. 하지만 라부아지에는 화학이라는 새로운 언어로 세상을 이루는 물질을 설명했습니다. 화학반응을 정량적으로 분석하고, 원소 같은 개념을 이용해 수많은 자연현상을 체계적으로 설명하는 학문을 탄생시킨 것이죠.

불타는 수수께끼

4원소 중에서도 불은 다른 원소와 유난히 다른 특징이 하나 있습니다. 바로 스스로 존재할 수 없다는 점입니다. 불은 언제나 '탈 수 있는 물질' 곧 가연성 물질이 있을 때에만 존재할 수 있습니다. 이에

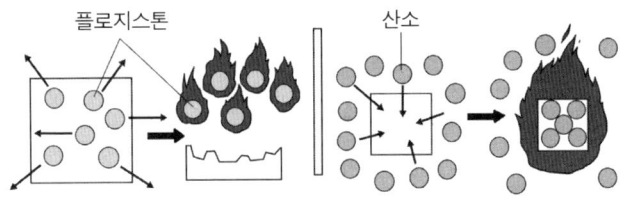

⑨ 플로지스톤설과 라부아지에 연소 이론

관해 당시 과학자들은 가연성 물질 내부에 불이 붙게 하는 '플로지스톤'이라는 입자가 있다고 생각했습니다. 플로지스톤은 그리스어로 '불타는 것'이라는 뜻입니다. 독일의 화학자 게오르크 에른스트 슈탈Georg Ernst Stahl(1659년~1734년)은 연소가 '가연성 물질이 갖고 있던 플로지스톤을 잃어버리는 현상'이라고 주장했습니다.

플로지스톤설은 꽤 훌륭한 이론으로 여겨졌습니다. 불의 정체와 연소뿐 아니라 산화, 호흡, 부패 등 다양한 화학 현상을 플로지스톤으로 쉽게 설명할 수 있었기 때문입니다. 위대한 철학자 이마누엘 칸트Immanuel Kant(1724년~1804년)가 《순수이성비판Kritik der reinen Vernunft》에서 "플로지스톤설은 모든 자연과학자에게 한 줄기 빛을 비춰줬다"라고 말할 정도로 다양한 분야에서 지지를 받았죠.

하지만 플로지스톤으로 설명할 수 없는 현상이 발견되기 시작했습니다. 예를 들어 금속은 연소된 뒤 무게가 증가하는데 플로지스톤설에 따르면 연소와 함께 플로지스톤이 빠져나가므로 무게가 감소해야 합니다. 따라서 이 현상을 설명하려면 플로지스톤이 음(-)의 질량을 갖는다고 가정해야 했습니다. 납득하기 어려운 설명이었죠.

플로지스톤설의 이런 문제점 때문에 라부아지에는 새로운 관점을 제시합니다. 라부아지에는 이렇게 생각했습니다. '연소에 필요한 플로지스톤 같은 물질이 사실 가연성 물질 내부에 존재하는 게 아니라 가연성 물질을 둘러싸고 있는 공기 속에 존재하는 것은 아닐까?' 실제로 조지프 프리스틀리Joseph Priestley(1733년~1804년)는 밀폐된 공간에서는 물질이 다 타기 전에 연소 반응이 멈춘다는 사실을 발견했습니다. 물질에서 플로지스톤이 빠져나간다면 공기가 없더라도 물질은 계속 잘 타야 하는데 말이죠. 공교롭게도 프리스틀리는 라부아지에와 달리 플로지스톤의 존재를 의심하지 않았습니다. 그래서 물질이 연소하며 생긴 플로지스톤으로 가득 찬 밀폐된 공간에서는 불이 꺼지고, 반대로 플로지스톤이 하나도 없는 밀폐된 공간에서는 불이 아주 잘 붙을 것이라고 생각했습니다. 프리스틀리는 이 '플로지스톤이 없는 공기'를 실험을 통해 나름대로 분리해 제시했습니다.

라부아지에는 이 실험 결과를 보고 나서 프리스틀리가 발견한 '플로지스톤이 없는 공기'가 바로 연소에 필요한 물질이라고 생각했습니다. 라부아지에에 따르면 연소란 가연성 물질과 '플로지스톤이 없는 공기'가 결합하는 현상입니다. 이 관점을 통해 금속이 연소된 뒤에 무게가 증가하는 이유를 직관적으로 설명할 수 있었습니다. 덧붙이자면 이 '플로지스톤이 없는 공기'는 훗날 산소로 불리게 됩니다.

화학의 기초를 세우다

앞서 살펴봤듯이 화학의 기본 정의는 '물질의 정체와 변환을 설명하는 학문'입니다. 라부아지에는 그 기둥이 되는 '원소element' 개념과 '질량 보존의 법칙law of mass conservation'을 제안했죠. '원소'로 '물질의 정체'를 설명하고 '질량 보존의 법칙'으로 '물질의 변환'을 설명할 수 있게 되면서 화학은 정성적 분석과 정량적 분석이 모두 가능한 학문이 됐습니다.

라부아지에는 '원소'를 '어떤 수단으로도 더 이상 분해할 수 없는 물질'로 정의했습니다. 당시 발표에는 33가지 원소가 알려져 있었습니다(분석기술이 발달한 오늘날에는 102개까지 수가 늘어났습니다). 그중에서 라부아지에가 《화학 원론Traité élémentaire de chimie》에서 밝힌 원소의 수는 열을 내는 열소와 빛을 내는 광소를 제외하면 31가지였지요. 훗날 밝혀진 바에 따르면 그중 5가지 원소는 사실 산소와 금속이 결합한 산화물이었습니다. 분석기술의 한계로 산화물이 두 원소로 이루어졌다는 것을 알아내지 못한 것이죠.

한편 라부아지에는 당시 기술로도 분리할 수 있는 화합물의 이름을 정하는 방법도 제시했습니다. 예를 들어 화합물을 분해해 질소와 산소가 나오는 경우 그 화합물을 산화질소라고 불렀죠. 이런 명명법을 통해 후대 화학자들은 물질의 이름만으로도 그 물질의 구성 원소를 알 수 있게 되었습니다.

'질량 보존의 법칙'이란 화학반응에 관여하는 물질의 질량이 반응 전후에 같다는 법칙입니다. 화학반응 전후로 질량이 보존된다는 사실은 라부아지에 전에도 알려져 있었지만 라부아지에는 이를 실험적으로 입증했습니다. 예를 들어 유리 플라스크를 가열하면 바닥에 흙 같은 침전물이 생기는데, 당시 많은 사람이 4원소설에 따라 물이 흙으로 변한다고 생각했습니다. 그런데 라부아지에는 유리 플라스크가 감소한 무게와 새로 생긴 침전물의 무게를 측정한 뒤 두 값이 같음을 알아냈습니다. 다시 말해 흙처럼 생긴 물질이 사실 플라스크의 일부가 바뀐 것이라는 사실을 실험적으로 입증함으로써 이론 중심의 고대 자연철학과 차이점을 만들어냈죠.

최선의 이론을 위한 집요한 탐구

간략하게 원소와 원자의 차이를 짚고 넘어가자면 원소는 물질을 이루는 기본 성분이고 원자는 물질을 이루는 가장 작은 입자입니다. 예를 들어 물 분자는 수소 원자 2개, 산소 원자 1개로 이루어져 있으며 물 분자를 이루는 원소는 2가지, 수소와 산소가 됩니다. 따라서 물질의 성분을 분석하면 새로운 원소를 찾아낼 수 있지만 어떤 물질이든 기본적으로 원자로 이루어져 있기 때문에 새로운 원자를 발견했다고는 할 수 없습니다.

라부아지에가 제안한 '원소' 개념은 물질의 정체를 설명해주기는 했지만 정작 그 물질이 무엇으로 이루어져 있는지, 다시 말해 어떤 입자로 구성되어 있는지는 설명하지 못했습니다. 고대 그리스 철학자 데모크리토스가 제안했던 물질을 이루는 가장 작은 입자인 '원자'가 근대화학에서 확립되기 위해서는 여러 법칙이 발견되어야 했습니다.

먼저 화학자 조제프 프루스트Joseph Proust(1754년~1826년)는 1799년에 화합물을 구성하는 각 성분 원소의 질량비가 일정하다는 '일정성분비의 법칙'을 제시했습니다. 예를 들어 탄소, 산소, 구리로 이루어진 탄산구리라는 물질을 분리하면 탄소:산소:구리가 항상 1:4:5.3의 일정한 질량비를 갖습니다. 자연에 원래 존재하던 탄산구리든 인공적으로 합성한 탄산구리든 질량비가 늘 같았죠.

이렇듯 화합물이 항상 일정한 질량비로 결합한다면 그 결합을 가능하게 해주는 최소 단위의 입자가 있지 않을까요? 영국의 화학자 존 돌턴John Dalton(1766년~1844년)은 그런 입자의 존재를 상상하며 '배수 비례의 법칙'을 제시했습니다. 여러 종류의 원소가 결합한 화합물에선 한 원소와 결합하는 다른 원소의 질량비가 항상 정수비로 나타난다는 법칙이죠. 예를 들어 CO와 CO_2의 분자식을 갖는 일산화탄소와 이산화탄소를 비교해보면 탄소 1그램과 결합하는 산소의 질량이 정수비로 나타납니다. 일산화탄소에서는 산소 1.33그램, 이산화탄소에선 산소 2.66그램이 각각 탄소 1그램과 결합하는데 이때 탄소와 결합하는 산소의 질량비를 비교하면 항상 1:2인 것이죠.

돌턴이 주목한 원자의 핵심 특징은 '질량'이었습니다. 각 원소는 고유한 질량을 갖는 고유한 원자로 이루어져 있습니다. 돌턴의 배수 비례 법칙은 데모크리토스의 원자 개념이 화학에도 적용된다는 것을 보여줍니다. 일산화탄소는 탄소 1개와 산소 1개, 이산화탄소는 탄소 1개와 산소 2개가 결합한 결과라고 추론할 수 있는 것이죠. 또한 데모크리토스가 생각했던 '더 이상 쪼갤 수 없는 원자'가 실존한다는 것을 실험적으로 밝혀낸 것이기도 합니다. 실제로 영어로 원자, 곧 atom은 고대 그리스어 a-(아니다)와 tomos(쪼개다)에서 온 것으로 '더 이상 나뉠 수 없는'이라는 뜻입니다. 돌턴은 모든 화합물이 원자들의 결합이며, 화학반응을 통해 물질이 변하는 것은 원자의 결합 방식이 바뀌는 것이라고 설명했습니다.

그런데 돌턴의 원자설이 등장한 지 얼마되지 않아 원자의 개념을 흔드는 현상들이 발견되었습니다. 더 이상 쪼개지지 않아야 할 원자가 쪼개져야만 설명이 가능한 현상들이었죠. 프랑스 화학자 조제프 루이 게이뤼삭Joseph Louis Gay-Lussac(1778년~1850년)은 '기체 반응의 법칙'을 발견하면서 수소와 산소가 결합하여 수증기(물)가 만들어질 때 수소:산소:수증기의 부피비가 항상 2:1:2임을 입증했습니다. 부피비에 따르면 수증기를 1만큼 만들려면 수소 1, 산소 2분의 1만큼이 필요한데 이는 산소가 쪼개져야 한다는 뜻입니다. 그렇다면 더 이상 쪼개지지 않는다는 원자의 기본 개념을 바꿔야 할까요?

이러한 원자의 한계를 극복하기 위해 이탈리아의 물리학자 아메데오 아보가드로Amedeo Avogadro(1776년~1856년)는 분자 개념을 도입합니다. 분자는 원자와 달리 나뉠 수 있는 물질입니다. 분자 개념을 적용해 동일한 반응을 설명해보면 수소는 하나의 원자로 이루어진 게 아니라 2개의 원자로 이루어진 수소 분자입니다. 산소 역시 2개의 원자로 이루어진 산소 분자인 셈이죠. 분자 개념을 이용하면 2부피의 수소와 1부피의 산소가 결합하여 2부피의 수증기가 만들어지는 현상을 정확하게 설명할 수 있었습니다. 원자의 기본 가정을 해치지 않는 새로운 개념이 등장한 것이었습니다.

플로지스톤설로 설명할 수 없는 현상을 타개하기 위해 라부아지에의 이론이 등장했고, 원소에서 원자 개념이 등장했으며, 원자의 문제를 해결하기 위해 분자 개념이 등장하는 일련의 과정을 거쳐 화학이라는 학문이 탄생했습니다. 실험 결과를 입증할 수 있는 이론들이 탄생하고, 다시 이론에 맞지 않는 실험 결과가 나오면 새로운 이론이 등장하는 구조는 오늘날에도 과학의 주요한 발전 과정이지요.

화학을 공부하고 있다면 개념 각각을 정확히 아는 게 중요하겠지만 일상생활에서는 과학적 생각을 이끌어내는 사고과정을 따라가는 게 더 중요하지 않을까 싶습니다. 이제 완벽하게 정리된 것 같은 화학 개념들도 시간이 지나며 계속 변하고 있습니다. 20세기 들어 더 이상 쪼갤 수 없다고 여겨진 원자가 더 작은 입자들로 이루어졌다는 사실이 밝혀졌듯이 말이죠. 따라서 과학 지식을 절대적으로 받아들이기보다는 과학이 문제를 해결하기 위해 시도한 방법을 따라가보는 게 지금 우리에겐 더 중요합니다.

연금술의 꿈이 실현되다

화학 지식이 쌓여가자 화학반응 자체를 탐구하는 것도 중요하지만, 같은 화학반응이라도 일어나는 속도를 조절하는 일이 매우 중요하다는 사실을 알게 되었습니다. 반응속도에 따라 활용법이 극단적으로 나뉘기 때문이지요. 예를 들어 반응속도를 느리게 하면 오랜 시간 동안 열을 제공하는 난로가 되지만 반응속도를 빠르게 하면 강력한 폭발을 일으키는 폭탄이 됩니다. 이처럼 이제는 같은 양의 에너지를 가진 물질도 서로 다른 용도로 활용할 수 있게 되었습니다.

이는 물리화학physical chemistry이라는 새로운 분야의 탄생으로 이어졌습니다. 물리와 화학이라는 두 과목이 붙어 쉽지 않아 보이는 이 학문에서는 화학 현상을 원자, 전자, 분자, 에너지 같은 물리학적 용어로 설명합니다. 라부아지에, 돌턴 같은 화학자들이 기반을 다진 화학이 물리와 본격적으로 결합하게 된 것이죠. 물리화학은 화학에 새로운 이론적 배경을 제공할 뿐 아니라 산업에서 쓰이는 수많은 소재와 촉매 개발의 원동력이 되었습니다. 물리화학에는 반응속도를 조절해 활용하는 반응속도론, 화학반응이 일어나는 방향을 다루는 열역학, 반응에너지를 바꿔 다른 반응을 만들어내는 촉매론 등의 분야가 있습니다.

뜻밖에도 산업혁명 이후 급격하게 발전한 전기기술이 화학의 발전에 많은 영향을 끼쳤습니다. 외부에서 전기를 가하면 전기적으로 결합해 있는 화합물을 새로운 원소들로 분리할 수 있었기 때문이었죠. '전기분해electrolysis'라는 새로운 방법이 등장한 것입니다. 전기분해를 잘 활용한 인물이 바로 앞서 열소 부분에서 잠깐 등장한 영국의 과학자 험프리 데이비입니다. 데이비는 물에 전기를 가하면 수소와 산소로 분해된다는 사실을 밝혀냈습니다. 먼 옛날 과학의 아버지 탈레스가 만물의 근원이 물이라고 여겼던 철학적 관점이 전기분해를 통해 물 역시 분해가 가능하다는 과학적 관점으로 전환된 것이죠.

데이비의 제자 마이클 패러데이Michael Faraday(1791년~1867년) 역시 오늘날의 전기화학에 영향을 끼친 많은 업적을 남겼습니다. 대표적으로 '패러데이의 법칙Faraday's law'이 있는데, 이는 1831년 발견한 '전자기 유도 법칙(자기장의 변화가 전류의 흐름을 변화시킨다는 법칙)'과 1833년 발견한 '전기분해 법칙'을 포함합니다. 특히 그는 전기분해 법칙을 통해 전기를 많이 가할수록 전기분해로 생성되는 물질이 증가한다는 사실을 보여주었죠. 이러한 패러데이의 업적을 기려 특정 양의 전자가 가진 전하량을 가리킬 때 그의 이름을 따 '패러데이 상수(F)'라고 부릅니다. 그뿐 아니라 전기화학 분야에서 오늘날에도 사용되는 전극, 전해질electrolyte(물처럼 분자 내 양 극단 전하가 분리되어 있는 성질을 띤 용매에 녹아서 이온을 형성함으로써 전기를 통하는 물질), 양(+)극, 음(-)극, 이온ion(전기적으로 중성인 원자 또는 원자단이 전자를 잃으면서 전하를 띠게 된 입자) 등의 개념을 패러데이가 도입함으로써 전기현상을 정확하게 설명할 수 있게 되었습니다.

미지의 원소를 찾는 마법 지도

자연에서 규칙성을 발견하기란 쉽지 않습니다. 그렇기 때문에 인간은 자연의 규칙성을 발견하면 왠지 마음이 편해지는 게 아닐까요? 과거의 결과를 이해함으로써 미래를 예측할 수 있다는 생각이 안정감을 주니 말입니다. 겨울 다음에 봄이 온다는 과거 경험을 바탕으로 언젠가는 힘든 겨울이 지나 봄이 온다는 희망을 품는 것처럼요. 마찬가지로 화학이 발전하면서 몇몇 화학자는 이미 알려진 원소들의 특징을 바탕으로 새로운 원소를 발견할 수 있는 규칙이 있지 않을까 생각했습니다.

새로운 화학 원소의 발견은 광학기술의 발전에서 영향을 받았습니다. 분광분석법spectrometry이라고 불리는 새로운 기술은 물체에서 나오는 빛의 파장을 분석해 물체가 어떤 원소로 이루어져 있는지 알아내는 방법입니다. 다시 말해 실험실에서 어떤 원소가 어떤 파장을 갖는지 정리해두면 거꾸로 미지의 물질에서 나오는 불꽃의 파장을 통해 어떤 원소일지 추론할 수 있습니다. 또한 멀리 떨어진 수많은 천체가 전해주는 빛의 파장을 분석해 천체가 어떤 물질로 이루어져 있는지도 알 수 있죠.

분광분석법의 또 다른 장점은 너무 안정적이어서 쉽게 반응하지 않는 원소를 찾아낼 수 있다는 점입니다. 일반적으로 화합물은 여러 원소가 화학적으로 결합해 있습니다. 원소끼리 화학적 결합을 이루는 쪽이 더 안정적이기 때문이죠. 하지만 비활성 기체라고 알려진 일부 원소는 홀로 있을 때 더 안정적이기 때문에 다른 원소들과 반응하지 않습니다. 예를 들어 크립톤, 네온, 크세논, 아르곤, 헬륨 같은 기체는 쉽게 반응하지 않기 때문에 분광분석법을 통해 비로소 발견됐습니다. 반응성이 낮은 원소는 발견하기 어렵지만 그만큼 안정적이기 때문에 충전재로 사용하기 용이하다는 특징이 있습니다.

반대로 반응성이 너무 커서 순식간에 다른 원소와 반응하는 원소도 있습니다. 불소, 염소 등이 대표적입니다. 불산은 불소가 수소와 결합한 물질로 기체 상태일 때에도 부식성이 강해 매우 위험합니다. 불산이 담긴 병 위에 손을 스치기만 해도 불산이 침투해 뼈가 녹아내릴 정도죠. 불소 기체를 처음 발견한 프랑스 화학자 앙리 무아상Henri Moissan(1852년~1907년)도 화합물에서 불소를 분리하는 과정에서 건강을 해쳤습니다. 처음 연한 노란색 기체를 얻었을 때 그것이 얼마나 위험한지 몰랐으니까요. 하지만 불산은 그만큼 빠르게 원하는 물질을 제거할 수 있어 산업적 활용도가 엄청납니다. 과학 선구자들의 희생 덕분에 오늘날 불소를 유용하게 사용할 수 있게 되었지요.

비활성 기체처럼 반응성이 낮거나 불소처럼 반응성이 높은 원소들이 차례차례 발견되자 화학자들은 원소들의 반응성이 차이가 나는 원인을 찾기 시작했습니다. 다시 말해 비슷한 성질을 가진 원소끼리 분류할 수 있는 방법을 고민하기 시작한 거죠. 러시아 화학자 드미트리 멘델레예프Dmitri Mendeleev(1834년~1907년)는 당시까지 발견된 원소 63종을 배열하는 '주기율표' 개념을 제시했습니다. 주기율표는 기본적으로 원소들을 질량순으로 배치하는데 흥미롭게도 같은 세로줄에 있는 원소들의 화학적 성질이 비슷합니다. 대표적인 예로 헬륨, 네온, 아르곤 등의 비활성 기체, 불소, 염소 등 할로겐족이 같은 세로줄에 놓입니다. 이렇게 같은 세로줄을 '족', 가로줄을 '주기'라고 명명한 것이 바로 주기율표입니다.

멘델레예프의 주기율표에서 대단한 점은 아직 발견되지 않은 원소의 성질까지 예측할 수 있다는 것입니다. 이미 밝혀진 원소들을 성질에 따라 분류하는 것 이상으로 중요한 특징이죠. 예를 들어 당시까지 발견되지 않았던 원자번호 31번 갈륨은 그 주위의 원소들에서 물리적 특성을 추론함으로써 발견됐습니다. 스칸듐이나 저마늄 같은 미지의 원소들도 주기율표를 통해 존재를 예측했고 훗날 실제로 발견되었지요. 자연에서 새로운 원소를 연구할 때 아무런 단서 없이 분석하는 것이 아니라 주기율표라는 방향성을 갖고 탐구할 수 있게 된 것입니다.

멘델레예프가 처음에 만든 주기율표가 완벽한 것은 아니었습니다. 원소 63개를 담고 있지만 11개의 빈칸이 남아 있었지요. 그럼에도 멘델레예프는 빈칸에 속하는 원소가 분명히 존재하며 아직 발견되지 않았을 뿐이라고 주장했습니다. 그는 과학자로서 완벽하지 않더라도 자신의 직관과 이론을 주장하는 담대함, 동시에 자기 주장이 완전하지 않다는 사실을 인정하고 새로운 발견을 시도하는 통찰력을 가진 비범한 인물이었습니다. 하지만 그런 멘델레예프도 원소의 주기성이 애초에 왜 나타나는지에 대해서는 답하지 못했습니다.

그럼에도 주기율표는 오늘날까지 유효한 도구이며 특히 어떤 물질이 새로운 원소를 포함하고 있는지 파악할 때 빛을 발합니다. 일반적으로 물질의 성분을 분석할 때 주기율표에 있는 원소들부터 탐색합니다. 이 과정에서 대부분은 기존 원소로 이루어진 화합물이라는 것이 밝혀지지만 도저히 기존 원소들과 특성이 들어맞지 않는다면 물질이 새로운 원소로 이루어졌을 가능성을 고려하게 되죠. 거의 모든 물질을 화학적으로 분석하는 틀을 만들었다는 점에서 주기율표는 대체할 수 없는 도구입니다. 이런 멘델레예프의 공로를 기리기 위해 그의 사후에 발견된 원소번호 101번에는 '멘델레븀mendelevium'이라는 이름이 붙었습니다.

멘델레예프가 제시한 주기율표는 이후 'X선 분광학'을 통해 정확하게 수정되었습니다. X선 분광학은 가시광을 이용하는 기존 분광분석법과 달리 X선을 이용해 파장을 분석하는 새로운 기술입니다. 영국의 물리학자 헨리 모즐리Henry Moseley(1887년~1915년)는 1913년에 각 원소가 고유한 X선을 갖는다는 사실을 바탕으로 '모즐리의 법칙Moseley's law'을 제시했습니다. 그는 원소마다 발생하는 X선 파장이 원자핵atomic nucleus 속 양성자 수와 그 원자의 원자번호와 관련 있다는 사실을 발견했습니다. 기존 주기율표에서 원소를 단순히 질량순으로 배열했다면 X선 분광학을 통해 원자핵 속 양성자 수를 기준으로 배열 순서를 수정하게 된 것이지요. 예를 들어 니켈(28번)과 코발트(27번)의 경우 코발트의 질량이 니켈보다 크지만 주기율표상에서 성질에 맞게 배열하려면 코발트와 니켈의 순서를 바꿔야 했습니다. 이때 X선 분광학을 통해 코발트의 양성자 수가 니켈보다 작다는 사실을 그 근거로 제시할 수 있었습니다.

인류의 구원자이자 파괴자

기초학문 연구가 으레 응용학문으로 이어지듯이 화학 역시 다양한 사례에 응용되기 시작했습니다. 가장 대표적인 사례는 산acid과 염기base의 반응입니다. 산-염기 반응은 음식에서도 꽤나 중요합니다. 산과 염기가 반응하면서 서로의 단점을 보완할 수 있기 때문입니다. 예를 들어 회에 레몬즙을 뿌리는 것은 산성인 레몬즙이 비린내를 나게 하는 염기성 물질과 반응하는 현상을 이용합니다. 음식뿐 아니라 다양한 산업 분야에서도 산-염기 반응은 유용하게 쓰입니다. 금속 화합물을 분리하거나 비료를 만드는 등 필요에 따라 산-염기의 세기를 조절해 다양한 반응을 이끌어내지요.

acid(산)라는 이름은 산이 금속을 녹이는 현상을 아랍어로 acqua acuta(날카로운 물)이라고 부른 것에서 유래합니다. 염기의 다른 이름인 alkali(알칼리) 역시 아랍어에서 유래되었는데 관사인 al-과 '순수한 재'를 뜻하는 kali의 합성어입니다. 양잿물은 대표적인 알칼리 물질로 오늘날 다양한 세제에 쓰입니다. 산과 염기 모두 성질이 독특해 1,000년도 더 전부터 이 물질에 주목했지요.

그렇지만 어떤 물질이 왜 산성이나 염기성을 띠는지 파악하기까지는 오랜 시간이 걸렸습니다. 20세기 들어 스웨덴의 화학자 스반테 아레니우스 Svante Arrhenius(1859년~1927년)는 물에 녹였을 때 수소이온(H^+)을 내놓는 물질을 산이라고 정의했고, 요하네스 브뢴스테드 Johannes Brønsted(1879년~1947년)와 토머스 마틴 로우리 Thomas Martin Lowry(1874년~1936년)는 화학반응에서 H^+을 내놓는 물질을 산으로, 받는 물질을 염기로 정의하기도 했습니다. 미국의 물리학자인 길버트 뉴턴 루이스 Gilbert Newton Lewis(1875년~1946년)는 산과 염기를 전자를 주는 물질과 받는 물질로 나누기도 했죠. 이처럼 화학자마다 산과 염기를 다르게 정의한 이유는 새로운 반응이 계속 발견되면서 기존 이론을 수정해야 했기 때문입니다. 오늘날에는 물질을 녹여 수소이온 농도를 확인하는 것이 산성과 염기성을 파악하는 가장 대표적인 방법입니다.

산과 염기에 관한 연구는 20세기 인류의 식량 부족 문제를 해결하는 데에 크게 기여했습니다. 염기성 물질인 암모니아를 합성해 비료를 쉽게 생산할 수 있게 된 것입니다. 토머스 로버트 맬서스Thomas Robert Malthus(1766년~1834년)는 《인구론An Essay on the Principle of Population》에서 "식량은 산술급수적으로 증가하는 반면 인구는 기하급수적으로 증가한다"라고 서술했습니다. 식량 생산이 인구 증가를 따라가지 못해 결국 식량이 부족해질 수밖에 없다는 경고였지요. 이러한 맬서스의 예언 또는 '맬서스 트랩Malthusian trap'을 깨기 위해 식량 생산을 늘리는 다양한 방법이 시도되었습니다.

당시 식량 생산에서 가장 중요한 문제는 "어떻게 질소를 농작물이 자라는 땅에 공급할까"였습니다. 농작물은 자라면서 땅속 질소를 소비하는데 질소가 고갈된 땅에서는 식물이 자라지 않기 때문이었죠. 질소는 공기 중에 80퍼센트를 차지할 정도로 흔한 기체지만 질소 기체는 아주 안정적으로 결합하고 있어 식물이 흡수할 수 있는 다른 화합물 형태로 바꾸기 어려웠습니다.[2] 해결책이라곤 반 년 정도 농사를 쉬며 지력을 회복하거나 새똥이 응적된 '구아노guano'를 비료로 주는 방법밖에 없었습니다. 물론 구아노를 구하는 일도 쉽지만은 않았지요.

이때 독일의 물리학자 프리츠 하버Fritz Haber(1868년~1934년)가 나타나 마침내 질소 비료를 인공적으로 개발해냈습니다. 공기 중에 존재하는 수많은 질소와 수소를 높은 압력 상태에서 반응시켜 암모니아를 합성해낸 것이죠. 암모니아는 순수한 질소와 달리 물에 잘 녹는 화합물이기 때문에 식물에 질소를 공급하는 데 아주 적합했습니다. 하버는 최초로 인공비료를 합성한 공로를 인정받아 1918년에 노벨 화학상을 수상했고 '공기에서 빵을 만든 과학자'라는 명성도 얻었습니다.

그러나 하버는 제1차 세계대전에서 사용된 독가스와 폭탄을 만든 인물이기도 합니다. 암모니아 합성법이 폭발물을 대량생산할 때도 사용된 것이지요. 암모니아에서 질산을 합성하면 니트로글리세린, TNT 등 기존 화약에 비해 폭발력이 매우 우수한 폭발물을 쉽게 만들 수 있습니다. 그런데 니트로글리세린은 특유의 불안정성 때문에 쉽게 폭발하는 문제점이 있었습니다. 이 문제를 해결한 인물은 노벨상을 만든 것으로 잘 알려진 알프레드 노벨Alfred Nobel(1833년~1896년)입니다. 그가 니트로글리세린과 규조토를 섞어 만든 다이너마이트는 안정적이면서도 폭발력이 강해서 유전 개발이나 개척 시대에 유용하게 쓰였지만 동시에 전쟁에 활용되며 수많은 사람을 다치게 한 양날의 검이었습니다.

화학기술의 발전과 하버의 연구는 과학이 인간 사회에 끼치는 영향력이 상당히 커졌음을 잘 보여줍니다. 화학은 인류의 식량 문제를 해결하기도 했지만 수많은 사람을 해치기도 했습니다. 당대보다 훨씬 더 과학이 발전한 오늘날, 우리가 과학을 어떤 방향으로 사용해야 할지 생각해보게 됩니다.

3장

우리는 어디서 왔나?

진화론과 멘델의 유전법칙

비글호에 오르다

'우린 어디서 왔는가? 우리는 무엇에서 탄생했는가?' 이 질문은 고대부터 오늘날까지 계속 유효한 것 같습니다. 질문을 거슬러 올라가다 보면 다양한 대답과 맞닥뜨립니다. 때로 신이나 자연이나 심지어 외계의 무언가가 인간을 만들었다는 답까지 등장하지요. 생물학 이론 중에서 진화론은 인간이 어떻게 탄생했는지 설명하는 합리적인 도구일 뿐 아니라 과거에 생명이 어떻게 등장했고 미래에 어떻게 탄생할지 추론하기에 유용한 방법론입니다.

찰스 다윈Charles Darwin(1809년~1882년)의 진화론이 등장하기 직전인 19세기 전반까지만 해도 생물학에서는 생물이나 종species이 새롭게 탄생하지 않는다고 생각했습니다. 아직 영향력을 떨치던 성경에 6,000년 전 신이 세상을 만들면서 모든 생명을 창조했다고 적혀 있었기 때문이지요. 17세기 말 영국의 자연학자인 존 레이John Ray(1627년~1705년)는 저서 《창조의 작업에서 나타난 신의 지혜The Wisdom of God Manifested in the Works of the Creation》에서 신이 모든 생명체가 필요한 구조와 기능을 갖게 했다고 주장했습니다. 당시 기독교를 믿었던 과학자들은 신의 작품인 자연을 통해 자연과 인간에 관한 신의 창조 계획을 알 수 있을 것이라고 믿었죠. 이러한 관점은 '자연신학natural theology'이라고 불렸습니다.

레이의 자연신학은 19세기까지 이어져 동식물의 형태나 기능에서 창조의 근거를 찾으려는 시도로 확장됐습니다. 대표적으로 영국의 신부인 윌리엄 페일리William Paley(1743년~1805년)는 저서 《자연신학, 자연현상에서 모은 신의 존재와 속성에 관한 증거들 Natural Theology; or, Evidences of the Existence and Attributes of the Deity》에서 '시계공 유추watchmaker analogy'라고도 불리는 지적 설계론을 주장했습니다. 이 이론의 핵심은 시계보다 훨씬 복잡한 자연을 창조하기 위해서는 신적 존재가 필연적이라는 것이지요. 복잡한 시계를 만드는 데에도 시계공이 필요한데 그보다 훨씬 방대한 우주를 창조하는 일은 신만 할 수 있다는 논리입니다.

하지만 산업혁명 시기 석탄을 채굴하기 위해 땅을 파헤치는 과정에서 6,000년이 넘은 화석들이 발견되기 시작하자 분위기가 달라졌습니다. 화석은 창조기 이전에도 생물이 존재했다는 강력한 증거였죠. 또한 서로 다른 화석이 서로 다른 지층에서 발견된다는 점에서도 모든 생물이 한 시점에 탄생했다는 창조론이 의문스러워졌습니다. 한편 화석의 발견은 지질학이라는 새로운 학문의 발전으로 이어졌습니다. 지질학은 우리가 살고 있는 지구의 표면이 어떻게 형성되었는지를 탐구했는데 당시 대표적인 두 이론으로 격변론과 점진론이 있습니다.

격변론은 과거 대홍수 같은 엄청난 지질학적 변화 때문에 지각이 형성되었다고 보는 관점입니다. 이는 지질학적 변화 과정에서 생명체가 멸종되거나 새롭게 탄생한다고 설명하는 동물학의 방식과도 맞아떨어졌습니다. 반면 점진론에서는 지각이 오랜 시간 서서히 변하면서 현재의 모습을 갖췄다고 주장했습니다. 특히 영국의 지질학자인 찰스 라이엘Charles Lyell(1797년~1875년)은 저서《지질학 원리Principles of Geology》에서 점진론의 기본 개념을 제시하면서 현재에도 작용하는 요인으로 과거의 지질학적 변화를 똑같이 설명할 수 있어야 한다고 주장했습니다. 이 논리에 따르면 현재 지각에 급격한 변화가 일어나지 않기 때문에 과거에도 지질학적으로 급격한 변화가 없어야 합니다. 라이엘은 인간의 노화가 천천히 누적되듯이 지각 역시 아주 오랜 세월 동안 변화가 누적되어 결과적으로 큰 지질학적 변화가 생겼다고 생각했습니다. 당시 두 이론 사이 논쟁이 끝나지 않았던 이유는 지각이 변화하는 걸 직접 볼 수 없었기 때문입니다.

지금까지 지질학을 설명한 이유는 찰스 다윈이 진화론을 처음 생각해내는 데 지질학이 영향을 끼쳤기 때문입니다. 다윈은 1831년부터 5년간 갈라파고스제도가 있는 남아메리카를 포함해 세계를 일주하며 진화론을 구상했다고 알려져 있습니다. 그가 영국 해군의 측량조사선인 비글호를 타고 남아메리카 해안을 조사할 때 점진론이 담긴《지질학 원리》를 늘 옆에 끼고 있었다죠.

진화론의 탄생

갈라파고스제도는 에콰도르 해안에서 1,000킬로미터 정도 떨어진 섬들로 독특한 생명체들이 있는 장소입니다. 예를 들어 갈라파고스 거북들은 서식하는 섬에 따라 등껍질 모양이 다르고, 핀치 새는 먹이에 따라 부리 모양이 완전히 다릅니다. 특히 핀치 새는 다른 동물을 찔러 피를 마시는 길고 날카로운 부리를 가진 종과 딱딱한 견과류를 깨 먹는 짧고 두꺼운 부리를 가진 종이 공존합니다. 다윈이 이렇게 상이한 핀치 새 표본을 본국으로 가져왔을 때, 당시 저명한 조류 분류학자인 존 굴드John Gould(1804년~1881년)는 이 핀치들이 서로 다른 종이라고 생각할 정도였습니다.[3]

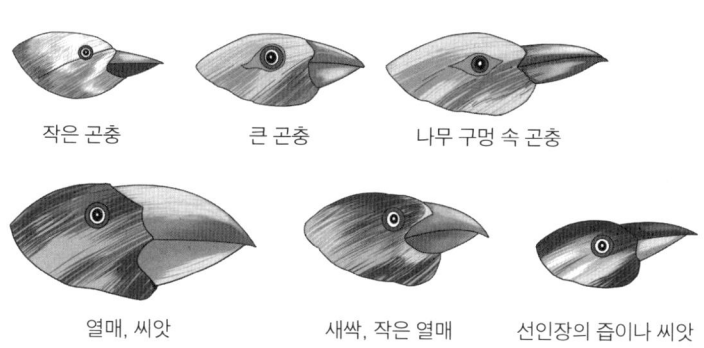

⑩ 먹이에 따라 달라지는 핀치 새 부리
핀치 새의 부리는 단단한 씨앗을 주식으로 삼으면 굵고 짧아지고,
곤충을 주식으로 삼으면 가늘고 길어지게 된다.

다윈은 핀치 새의 다양성을 보며 과연 이것까지 신이 창조했을지 의구심을 갖게 됐습니다. 신이 남미에 있는 외딴 갈라파고스 제도의 섬마다 핀치 종을 다르게 만들었다고 생각하기 어려웠던 거죠. 더 납득할 만한 설명은 멀리 떨어진 대륙에서 출발해 갈라파고스섬에 가까스로 도착한 새들이 있었고, 섬의 환경에 따라 적응하면서 다양한 모양의 부리를 갖게 되었다는 것이었습니다. 오랜 시간에 걸쳐 지각이 변화한다는 점진론의 관점에서 봐도 그 정도 기간이면 생명체가 변할 가능성이 충분했습니다.

만약 생명체가 계속해서 변할 수 있다면 어떤 방향으로 변화할까요? 다윈은 당시 주목받던 맬서스의 《인구론》에서 힌트를 얻었습니다. 《인구론》에 따르면 식량 생산량이 인구증가율을 따라가지 못할 경우 경쟁에서 이긴 일부만 식량을 차지해 살아남을 수 있습니다. 마찬가지로 생명체도 살아남기 위해 경쟁하며 이 경쟁에서 살아남지 못한 종은 멸종하고 살아남은 종은 대를 잇는 방향으로 변화할 것입니다.

1838년 말, 다윈은 생존경쟁struggle for existence과 자연선택natural selection이 진화의 기본 원리라고 결론 내립니다. 그러나 당시 주류 학계는 진화론에 매우 적대적이었습니다. 1844년, 다윈 이전에도 로버트 체임버스Robert Chambers(1802년~1871년)가 저서 《창조 자연사에 관한 흔적Vestiges of Creation》을 통해 진화론의 개념을 익명으로 발표했습니다. 저서에는 종이 변화해 진화하는 것이 신의 계획이라는 주장이 담겨 있었습니다. 흥미로운 주장인 데다가 책도 인기가 많았지만 한편에서는 체임버스가 신을 모욕하고 있다거나 종의 분류에 관한 과학적 전문성을 갖추지 못했다는 비판이 쏟아졌습니다. 다윈은 이를 보며 명확한 근거 없이 진화론을 발표하기 어렵겠다고 생각했습니다.

다윈이 진화론을 확신할 수 없었던 가장 큰 이유는 그 역시 새로운 종이 출현하는 것을 직접 본 적이 없기 때문이었습니다. 다윈은 20년 동안 진화론 연구를 숨긴 채 생물학적 전문성과 경험을 갖추기 위해 따개비 연구를 이어갔습니다. 연구 결과는 1,000쪽이 넘는 두꺼운 연구서로 출간되었고 이후 다윈은 따개비의 해부학, 발생학, 고생물학, 분류학 등 각종 분야에 정통한 자연사학자로 널리 인정받게 되었습니다. 그리고 다윈은 1854년 9월부터 진화 연구에 본격적으로 매진하기 시작했습니다.[4]

1858년, 다윈은 자신의 진화론과 유사한 내용을 담은 자연학자 앨프리드 월리스 Alfred Wallace(1823년~1913년)의 논문을 읽게 됩니다. 월리스는 아마존과 말레이제도에서 발견한 여러 증거를 바탕으로 인간 조상의 증거를 찾고 있었습니다. 그 역시 다윈처럼 생존경쟁의 논리를 인간 사회에서 동물계 전체로 확대하려고 시도하고 있었죠. 다윈은 월리스의 논문에 담긴 생각과 자신의 생각이 매우 유사하다는 점에 놀랐습니다. 무엇보다 변이, 생존투쟁, 자연선택에 관한 월리스의 언급을 보고 자신의 이론이 혼자만의 생각이 아니었음을 알게 되었죠. 그 결과, 다윈은 본래 계획보다 훨씬 적은 분량으로 《종의 기원 On the Origin of Species》을 출판합니다.

《종의 기원》에 따르면 진화는 '자연선택'을 통해 설명됩니다. 다윈은 가축과 작물의 변이, 종과 변종의 경계부터 변종이 별도의 종으로 변하는 과정까지, 직접 수집한 방대한 사례를 하나씩 제시하는 방법으로 주장을 피력했습니다. 다음은 다윈이 책에서 자연선택을 서술한 부분입니다.

"이러한 생명에 대한 투쟁으로 말미암아, 변이의 원인이나 규모가 어떠하든 어떤 종의 개체에게 어느 정도 이익이 된다면 다른 유기체와 외부 자연과의 복잡한 관계 속에서 그 개체를 보존하는 경향이 있을 것이고, 일반적으로 그 개체의 자손에게 상속될 것이다. 주기적으로 태어나는 많은 자손 중에서 변이를 상속받은 소수의 자손만이 더 높은 생존 가능성을 갖게 될 것이다. 아무리 작은 변화든 생존에 유리하다면 보존되는 이 원리를 인간의 선택 능력과 구분하기 위해 '자연선택'이라는 용어로 부르겠다."[5]

다윈이 우려했던 대로 《종의 기원》은 출판된 뒤 세상을 떠들썩하게 했습니다. 학계에서는 자연선택이 진화의 모든 과정을 설명할 수 있는지를 두고 논쟁을 벌였습니다. 한편 진화론에 따르면 인간은 원숭이에서 진화했는데, 종교계에서는 신이 창조한 인간의 독보적 위치를 흔드는 이 논리를 용납할 수 없었죠. 특히 진화 과정에서 자연이 무작위 선택을 통해 변화한다는 설명은 기독교의 전지전능한 신의 설계나 의지에 정면으로 부딪치는 개념이었습니다.

다윈의 진화론과 종교계 사이의 대표적 논쟁은 1860년 6월 동물학자인 토머스 헉슬리Thomas Huxley(1825년~1895년)와 옥스퍼드 주교인 윌리엄 윌버포스William Wilberforce(1759년~1833년)가 벌인 '옥스포드 논쟁'입니다. 이 논쟁에서 헉슬리는 '다윈의 불독'이라는 별명에 꼭 맞게 진화론의 옹호자로 나섰습니다. 전해지는 바에 따르면 윌버포스는 창조론을 옹호하면서 진화론자인 헉슬리에게 조상 중 어느 쪽이 원숭이냐는 모욕적인 말을 던졌고, 헉슬리는 자기 조상이 원숭이라는 사실이 부끄럽지 않다고 되받아치면서 윌버포스처럼 뛰어난 재능을 가지고도 자기 의견을 왜곡하는 사람과 동족이라는 사실이 오히려 부끄럽다고 답했다고 하죠.

다윈은 영국 자연철학자들의 영향을 많이 받았지만 정작 자연철학자들은 다윈의 이론 대부분을 비판했습니다. 생명을 우연적 요소로만 설명하고 있고 이론을 입증하려면 매우 오랜 시간이 필요할뿐더러 무엇보다 환경에 따른 진화를 예측할 수 없다는 점이 큰 문제였습니다. 또한 당시 지질학에서 지구의 나이가 진화에 필요한 만큼 충분한지 밝히지 못하고 있었기 때문에 자연선택 이론의 근거가 더욱 부족했죠. 지구의 나이가 46억 년이라는 사실은 20세기 들어서야 밝혀졌습니다.

다윈은 《종의 기원》을 출간한 뒤 《인간의 유래와 성선택The Descent of Man and Selection in Relation to Sex》을 발간해 자연선택으로 설명하지 못했던 진화의 원리를 '성선택' 이론으로 보충했습니다. 예를 들어 숫사자의 갈기나 수사슴의 큰 뿔 등 생존에 불필요해 보이는 특징이 존재하는 이유는 번식에 유리하기 때문이죠. 성선택은 크게 성내선택과 성간선택으로 나뉘는데, 성내선택은 다른 경쟁자들을 제거하기 위한 수컷 사이의 경쟁이고 성간선택은 수컷이 암컷에게 구애하기 위해 신체적 특징을 발달시키는 현상입니다.

그러나 성선택 이론은 오랫동안 학계에서 주목을 받지 못했고 1960년대에 이르러서야 본격적으로 연구가 진행되었습니다. 그 이유로 발표 당시 팽배하던 남성 우월주의적 분위기를 꼽는 관점도 있습니다. 당시 사회에서 암컷에 의한 선택을 주장하는 성선택 이론을 받아들이기 꺼려했다는 것이죠. 현재 성선택 이론은 동물행동학과 진화생물학 분야에서 핵심 이론으로 자리 잡고 있습니다.

살아남은 것은 우수하다는 오해

다윈의 진화론은 이후 사회적으로도 많은 영향을 끼쳤습니다. 영국의 철학자인 허버트 스펜서Herbert Spencer(1820년~1903년)는 다윈의 자연선택 이론을 사회 내 '적자생존' 개념으로 확대시켰습니다. 스펜서는 환경에 유리한 형질을 가진 인간은 살아남고 그렇지 못한 인간은 사라진다고 주장했습니다. 하지만 이런 주장에는 결과에서 원인을 찾는 오류가 있습니다. 다시 말해 어떤 형질이 유리하다는 판단을 애초에 그 형질이 살아남았다는 결과를 알고서 도출했다는 데 문제가 있지요. 스펜서의 이론은 애초에 진화가 진보나 우열과는 무관하다고 생각한 다윈의 이론과 큰 차이가 있습니다.

곧이어 사회적 다윈주의까지 등장했습니다. 적자생존 경쟁에서 이긴 사람만이 사회에 필요한 사람이라는 논리였죠. 이 주장에 따르면 국가에서 빈곤층의 삶을 개선하는 것은 자연법칙을 거스르는 무의미한 일입니다. 사회가 진보하려면 개인 간 자유로운 경쟁을 통해 강자가 살아남는 환경을 구축하고 더 나아가 완전한 자유를 보장하는 '자유방임' 정책을 펼쳐야 한다는 것이죠. 사회적 다원주의는 제국주의와 결합해 강한 국가가 약한 국가를 지배하는 것을 정당화하는 약육강식 이데올로기로 확장되었습니다.

진화론이 부정적인 방향으로 변형되면서 우생학까지 탄생했습니다. 우생학에 따르면 인간의 유전형질을 사회적 개입을 통해 개량할 수 있으며 국가적 기준에서 우수한 사람만 선별하고 열등한 사람은 줄여야 합니다. 다윈의 친척이었던 프랜시스 골턴Francis Galton(1822년~1911년)에 의해 우생학이 본격적으로 확산되었고, 이후 실제로 국가에서 개입해 산아제한, 인종 개량, 유전자조작 등의 방법으로 인구를 조절하려는 시도가 이어졌습니다. 19세기 말 영국 상류 사회에서는 우생학을 근거로 친교 모임 내부 인사끼리 혼인을 장려하기도 했으며 더 나아가 사회적으로도 인종차별을 심화시켰습니다. 예를 들어 1920년대 미국에서는 우생학을 근거로 동유럽 사람과 중국 사람에 대한 이민금지법을 시행했고, 훗날 나치 독일에서는 우생학을 통해 아리안족 우월주의와 홀로코스트 같은 인종 청소 행위를 정당화했습니다.

다윈이 진화론을 통해 생물학에 중요한 개념을 제시한 것은 분명한 사실입니다. 하지만 과학이란 이론과 실험을 통한 입증이 따라야 합니다. 다윈의 진화론이 과학적으로 입증되려면 후대의 연구가 더 필요했습니다. 무엇보다도 다윈의 진화론은 특정 형질이 어떻게 탄생하는지는 설명했지만 그 형질이 다음 세대에 어떻게 전달되는지는 설명하지 못했습니다. 이 원리는 1866년 그레고어 멘델Gregor Mendel(1822년~1884년)이라는 수도사가 밝혀냈죠.

완두콩에서 발견한 유전법칙

고등학교 생물학 시간에 멘델의 완두콩 연구와 유전형질 연구를 배운 기억이 있을 겁니다. 멘델은 오스트리아-헝가리 제국에 있는 브륀이라는 소도시의 수도원에서 생활하던 수도사였습니다. 이 수도사는 동식물에서 새로운 품종을 만들어내는 인위 선택에 관한 이론적 근거를 찾아 3만 개에 가까운 완두를 키우고 교배했습니다. 그러고는 1856년부터 1863년까지 7년 동안 완두와 다른 식물로 실험해 얻은 결과를 모아 논문 〈식물 잡종에 관한 실험Versuche uber Pflanzen-Hybriden〉을 발표했습니다. 하지만 그가 살아 있을 때에는 이 논문이 인정받지 못했습니다. 멘델은 과학자가 아닌 수도사였고, 소도시의 지방 학회지에 논문을 제출했기 때문에 주류 학계의 관심을 끌기에 역부족이었습니다. 게다가 멘델은 당시까지 생소한 방법론이었던 통계학적인 분석을 통한 과학적 설명을 시도했기 때문에 과학계에서는 더욱더 받아들이지 못했습니다.

멘델의 논문에는 '유전법칙laws of inheritance'이라는 새로운 개념이 담겨 있습니다. 멘델은 순종 완두콩과 이와 대립되는 유전형질을 가진 완두콩을 여러 세대에 걸쳐 교배했을 때 다음 세대에서 어떠한 형질이 나타나는지를 관찰하면서 유전법칙을 발견했습니다. 구체적으로 멘델은 수 세대에 걸쳐 붉은색 또는 흰색 꽃을 피우는 순종 완두콩 종자를 교배하면서 다음 세대 꽃잎이 어떻게 나타나는지 확인했습니다. 자식 세대(F1)에서 모두 붉은 꽃을 피우는 걸 보면서 멘델은 붉은색을 띠게 하는 유전형질이 흰색을 띠게 하는 유전형질보다 우성dominance임을 알아냈습니다. '우성'이란 유전형질끼리 경쟁할 때 더 우선적으로 발현하는 성질입니다. 한편 자식 세대를 교배해 얻은 다음 세대(F2)에서는 신기하게도 붉은 꽃과 흰 꽃이 3:1 비율로 나타났습니다. 이는 F1 세대의 붉은 꽃들에도 흰 꽃을 갖게 하는 유전형질이 여전히 남아 있었지만 열성이기 때문에 해당 세대에서 발현되지 못했다는 뜻이었습니다. 이러한 관찰을 통해 멘델은 실제 꽃의 색을 결정하는 '표현형phenotype'과 이것의 유전형질인 '유전형genotype', 두 종류의 유전형질을 제시했습니다. 예를 들어 붉은 꽃의 유전형을 R, 흰 꽃의 유전형을 w라고 하면 두 꽃을 교배했을 때 나타날 수 있는 유전형질은 순종 우성인 RR, 순종 열성인 ww, 2가지가 섞인 Rw 이렇게 3가지입니다.

이처럼 유전을 근본적으로 이해할 수 있게 하는 유전법칙을

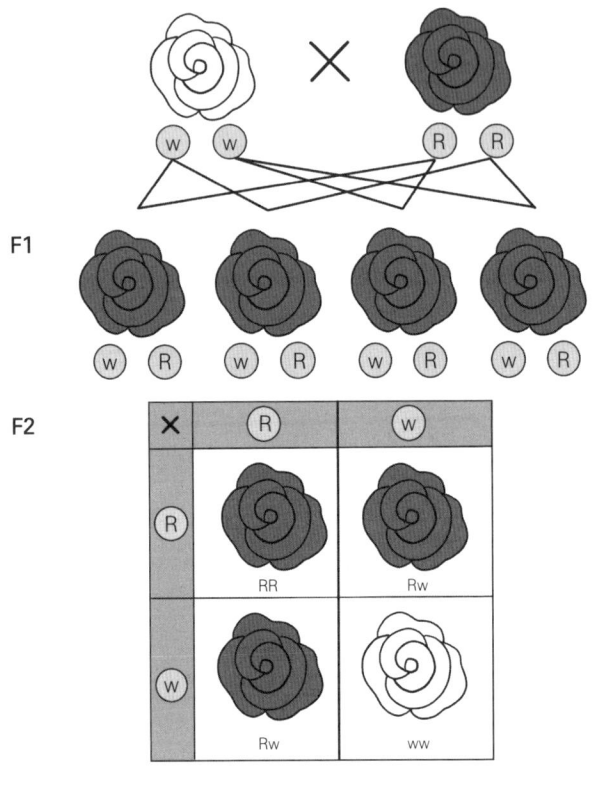

⑪ 멘델 유전법칙

발견했음에도 멘델은 자신의 이론이 생물학 전체에 적용될 수 있을지 확신하지 못했습니다. 논문이 발표된 뒤에 별다른 주목을 받지 못했을뿐더러 얼마 안 가 수도원장에 임명되면서 멘델은 더 이상 유전에 관련된 실험을 하지 않았죠. 다만 "나는 내 실험에 만족하며 이 실험이 세상에 큰 영향을 끼칠 것이다"라는 기록을 남겼다고 전해집니다.

멘델의 발견 30년 뒤인 1900년경에 유럽의 과학자인 휘호 더프리스Hugo de Vries(1848년~1935년), 카를 코렌스Carl Correns(1864년~1933년), 에리히 체르마크 폰 세이세네크Erich Tschermak von Seysenegg(1871년~1962년) 같은 인물들이 멘델의 유전법칙의 중요성을 알렸습니다. 1905년에 영국의 생물학자 윌리엄 베이트슨William Bateson(1861년~1926년)은 멘델의 유전법칙을 바탕으로 유전자gene, 대립형질allelomorphic character(앞서 살펴본 붉은 꽃과 흰 꽃처럼 서로 대립 관계인 형질) 같은 용어를 정립합니다. 베이트슨은 1906년에 제3차 국제식물잡종연구콘퍼런스에서 자신이 재발견한 멘델의 유전법칙을 발표하며 유전학genetics이라는 새로운 학문을 제시했습니다.

이후 1910년대에 미국의 생물학자 토머스 모건Thomas Morgan(1866년~1945년)은 노랑초파리를 교배해 유전학 연구를 이끌었고 1915년에 수년 간의 연구 결과를 모아 《멘델 유전법칙의 기제The Mechanism of Mendelian Heredity》를 발표하며 염색체chromosome(유전정보를 유전자 형태로 전달하는 생물학적 구조)가 유전형질을 전달한다는 것을 증명했습니다. 비록 멘델은 수많은 실험 결과에서 그 원인을 설명할 이론을 이끌어내지는 못했지만 후대 학자들이 그의 실험 결과를 토대로 유전학을 탄생시킨 것입니다.

4장

빛을 손에 넣다

전자기학의 발전

번개와 개구리 뒷다리의 공통점

현대사회에서 전기가 없는 삶을 상상할 수 있을까요? 전기 없이는 컴퓨터, 스마트폰 같은 전자기기를 켜거나 에어컨, 냉장고 등으로 간편하게 온도를 조절하거나 자동차 시동을 걸 수도 없을 겁니다.

과학에서는 전기와 자기가 본질적으로 관련되어 있다고 보며 둘을 전자기력이란 이름으로 부릅니다. 전자기력은 일상생활에서 중력을 제외한 거의 모든 현상의 근원입니다. 물질 사이의 마찰, 원자들 사이의 화학 결합과 반응 역시 전자기력이 존재하기 때문에 가능하죠. 심지어 소리와 빛도 전자기파의 일종입니다.

19세기 이후 전기와 자기가 연관되어 있다는 사실이 밝혀지기 전까지 둘은 전혀 다른 현상으로 여겨졌습니다. 전기를 최초로 발견한 기록은 그리스의 자연철학자 탈레스가 기원전 600년경에 남겼습니다. 호박석에 모피를 문지르니 주위의 가벼운 물체가 끌려오던 현상을 목격한 것이죠. 오늘날 전기 곧 electricity라는 이름 역시 호박을 의미하는 그리스어 electron에서 유래했습니다. 반면 자기현상이 최초로 기록된 것은 약 2,000년 전으로, 그 내용은 언제나 남쪽이나 북쪽 등 특정 방향만을 가리키는 자석에 대한 것이었습니다. 이런 자석의 특징을 이용해 나침반이 만들어졌고 11세기 즈음에는 항해에 널리 활용되었습니다. 나침반은 중국에서 아랍으로, 아랍에서 유럽으로 전해지면서 향후 유럽의 대항해시대를 여는 데 중요한 역할을 했습니다.

전자기를 본격적으로 탐구하기 시작한 인물은 윌리엄 길버트입니다. 앞서 살펴봤듯이 케플러가 천체의 움직임을 설명하는 힘을 구상할 때 영감을 준 인물이기도 하죠. 길버트는 전기와 자기가 다른 종류의 힘이며 지구 자체가 거대한 자석이기 때문에 나침반이 언제나 북쪽을 가리킨다고 설명했습니다. 실제로 지구는 거대한 자석이 맞으며 그의 설명은 지금까지도 유효하죠. 그가 갈릴레이와 비슷한 시기에 활동했다는 점을 고려해본다면 꽤나 놀라운 통찰력입니다.

먼저 전자기 중 전기의 정체를 밝혀낸 역사를 따라가봅시다. 벤저민 프랭클린Benjamin Franklin(1706년~1790년)은 번개가 전기의 한 종류임을 직접 실험을 통해 입증했습니다. 그는 높이 솟은 곳으로 향하는 번개의 성질을 이용해 번개 치는 날에 연을 띄워 번개를 모으려고 시도했는데, 이는 절대 따라해서는 안 되는 위험한 실험이었습니다. 번개에 감전될 가능성이 높았기 때문이지요. 프랭클린 역시 위험성을 알고 있었기 때문에 나름대로 안전장치를 고안했습니다. 연-열쇠-명주리본-손잡이 순으로 이어진 일련의 묶음을 만들어 번개를 열쇠에 모으는 동시에 번개가 명주리본(부도체)

⑫ 벤저민 프랭클린의 전기 탐구 실험

을 지나게 해서 감전을 방지하는 방법이었죠. 다행히 계획대로 무사히 열쇠에 번개를 모은 프랭클린은 번개도 전기로 이루어졌다는 사실을 발견했습니다. 한편 프랭클린만큼 운이 좋지 못했던 러시아 과학자 게오르그 빌헬름 리히만Georg Wilhelm Richmann(1711년 ~1753년)은 비슷한 실험을 하다가 안타깝게도 사망했습니다.

프랭클린의 실험 결과는 전기의 본질을 보여줍니다. 다시 말해 전기란 전하가 이동하면서 열과 빛을 내는 현상입니다. 한때 신화 속 최고 권력자인 제우스의 초자연적 권능이었던 번개를 이제 자연현상으로 이해할 수 있게 된 것이죠. 또한 번개가 전기현상임을 알게 되면서 주변 경관보다 높은 곳에 전기가 잘 통하는 금속 탑을 세워 번개를 모으는 피뢰침을 발명할 수 있었고 이로써 번개 때문에 생기는 피해를 막을 수 있게 되었습니다.

비슷한 시기인 1780년대에 생명현상에서 전기를 발견한 과학자도 있었습니다. 해부학 교수였던 루이기 갈바니Luigi Galvani(1737년~1798년)는 우연히 해부용 나이프를 개구리 뒷다리에 대기만 했을 뿐인데도 개구리 다리가 움찔거리는 것을 목격했습니다. 갈바니는 이를 바탕으로 동물의 근육이 '동물전기'라는 일종의 에너지를 저장하고 있으며, 나이프 같은 금속을 따라 동물전기가 흐른다고 생각했습니다.

갈바니의 친구였던 알레산드로 볼타Alessandro Volta(1745년~1827년)는 사뭇 다른 방법으로 이 전기에 접근했습니다. 그는 동물전기가 따로 존재하지 않고 일반적인 전기와 같을 것이라고 가정한 뒤, 동물전기가 발생한 조건에서 개구리를 제외해봤습니다. 만약 동물전기와 일반적인 전기가 다른 현상이라면 개구리 같은 동물이 반드시 필요했겠지요. 하지만 실험 결과 개구리와 유사한 전도성 수용액만 있어도 전기가 똑같이 흘렀습니다. 핵심은 개구리가 아니라 전기를 흐를 수 있게 하는 금속이었으며 동물전기와 전기는 본질적으로 같은 전기였던 것입니다.

하나씩 밝혀진 전기의 정체

1800년에 볼타는 최초로 전지를 발명했습니다. 이 전지는 구리-소금물 종이-아연-구리……가 반복되는 구조였습니다. 동물전기를 연구하며 밝혔듯이 금속, 곧 구리와 아연 막대가 전기를 만들고 소금물 종이가 전기를 전달하는 역할을 합니다. 한편 볼타는 발명 소식을 들은 황제 나폴레옹 앞에서 화학 전지로 전기를 만드는 실험을 직접 시연하기도 했습니다. 이렇게 만들어진 초기 전지는 발명자 볼타의 이름을 따서 '볼타 전지voltaic cell'라고 불렸습니다. 또한 전기를 활용하는 가장 기본적인 장치를 개발한 업적을 기려 오늘날 전압의 단위로 볼타의 이름을 딴 '볼트(V)'를 사용하고 있죠.[6]

이후 과학자들은 전기가 무엇인지에 관해 더 자세한 설명을 내놓았습니다. 전기는 전하electric charge가 흐르며 나타나는 물리 현상입니다. 전하란 전기현상을 일으키는 물질의 물리적 성질로, 원자핵은 (+)전하를 띠고 전자는 (−)전하를 띱니다. 이때 전자는 원자핵을 이루는 양성자와 중성자보다 훨씬 가볍고 원자핵 내부에 묶여 있지 않아 자유롭게 움직일 수 있어 전기적 흐름을 만드는 전기현상의 기본 입자입니다. 한편 전기를 이용한다는 것은 전기에너지 차이로 인한 전하의 흐름을 이용하는 것과 같습니다. 물이 흐르려면 높이 차이가 필요하듯이 전기 역시 전기에너지의 차이가 필요합니다. 이런 전기에너지의 차이가 곧 '전압voltage'이 되고, 전기의 기본 입자인 전자가 전압 때문에 흐르는 양을 '전류electric current'라고 합니다.

전류란 전선 속에서 1초 동안 흐르는 전하의 양이기도 합니다. 전류의 단위는 암페어(A)로, 1초 동안 1쿨롱(C)의 전자가 흐른 것을 의미합니다. 일반적으로 전류는 (+)극과 (−)극의 위치에 따라 흐르는 방향이 정해지는데, 이 방향이 일정한지 변하는지에 따라 직류와 교류로 구분합니다. 전류는 전선의 굵기나 길이에 따라 달라집니다. 물이 흐르는 도관이 길면 상대적으로 저항이 커서 물이 약하게 흐르고, 도관이 넓으면 단위 시간당 많은 물이 흐르듯이 전류 역시 전선이 길면 줄어들고 전선의 굵기가 두꺼우면 증가합니다. 이러한 전압, 전류, 저항 사이의 정량적 관계를 '옴의 법칙Ohm's law'이라고 합니다.

그렇다면 전기는 얼마만큼의 힘을 갖고 있을까요? 프랑스의 물리학자 샤를 오귀스탱 드 쿨롱Charles Augustin de Coulomb(1736년~1806년)은 전기의 힘인 전기력을 정량적으로 탐구했습니다. 쿨롱이 고안한 '비틀림저울'이라는 장치에는 고정된 공과 자유롭게 움직일 수 있는 공 2개가 들어 있습니다. 두 공이 전하를 갖게 되면 자유롭게 움직일 수 있는 공이 움직이는데, 이때 고정된 공과 같은 종류의 전하를 가지면 멀어지고 다른 종류의 전하를 가지면 가까워집니다. 따라서 공이 매달린 용수철의 변화를 통해 전하를 가할 때 발생하는 힘의 크기를 계산할 수 있습니다. 쿨롱은 이 실험을 통해 두 점전하point charge(고전전자기학에서 사용하는 이상적 개념으로, 부피 없이 전하량만 가지며 공간의 한 점에 존재하는 가상의 입자) 사이에 작용하는 힘은 두 전하의 곱에 비례하고 두 전하 사이의 거리의 제곱에 반비례한다는 법칙, 곧 '쿨롱의 법칙Coulomb's law'을 정립합니다.

흥미롭게도 이 전기력의 세기에 관한 법칙은 뉴턴의 만유인력 법칙과 형태가 유사합니다. 아래 2가지 수식을 살펴봅시다.

만유인력의 법칙: $F = G \dfrac{m_1 m_2}{r^2}$

F: 두 질량 간의 중력의 크기
G: 중력 상수
m_1: 첫 번째 물체의 질량
m_2: 두 번째 물체의 질량
r: 두 질량 간의 거리

쿨롱의 법칙: $F = k_e \dfrac{q_1 q_2}{r^2}$

F: 두 전하 간의 전기력의 크기
k: 쿨롱 상수
q_1: 첫 번째 전하의 크기
q_2: 두 번째 전하의 크기
r: 두 전하 사이의 거리

만유인력이 두 물체의 질량의 곱에 비례하고 물체 사이 거리의 제곱에 반비례했듯이 전기력은 두 물체의 전하량의 곱에 비례하고 거리의 제곱에 반비례합니다. 이를 통해 쿨롱은 전기력이 만유인력처럼 원격으로 작용하는 힘이라는 사실을 밝혔습니다. 이 업적으로 전하량의 단위에는 '쿨롱'이란 이름이 붙었죠. 하지만 왜 만유인력과 전기력이 유사한 수식으로 계산될 수 있는지 밝혀내는 데에는 한참 뒤에 등장한 현대물리학의 도움이 필요했습니다.

한편 자기력에 관한 탐구도 점차 이루어졌습니다. 사실 전기와 자기가 서로 연관이 있을 것이라고 생각하기는 어렵습니다. 전기는 찌릿한 정전기나 번쩍이는 번개처럼 직접 느낄 수 있는 강렬한 힘이지만 자기는 나침반처럼 소리 없이 물체를 끌어당기거나 밀치는 힘이기 때문이죠. 그러나 자기는 전하에 의해서 생기는 자기력에 의해 물질들이 서로 끌거나 밀어내는 현상으로서, 자기력 역시 전하의 영향을 받습니다.

덴마크 과학자 한스 외르스테드Hans Oersted(1777년~1851년)는 최초로 전기와 자기의 관련성을 보여준 과학적 실험을 제시했습니다. 실험은 간단했습니다. 전기가 흐르는 전선 위아래로 나침반을 이동시키는 것이었죠. 일반적으로 나침반은 북쪽을 가리키지만 나침반 바늘 바로 위에 전선을 두면 바늘의 N극이 서쪽으로 향합니다. 반대로 전선을 바늘 아래에 놓으면 바늘이 동쪽을 가리키죠. 당시 알려진 전기력이나 만유인력으로는 이 현상을 설명할 수 없었습니다. 두 힘 모두 상대적인 거리에 따른 힘의 세기는 계산할 수 있어도 나침반의 방향이 변하는 것처럼 힘의 방향에 따른 변화를 설명하지는 못했으니까요.

외르스테드는 전기와 자기의 연관성을 실험적으로 밝혔지만 그에 관해 이해하기 어려운 이론적 설명을 내놓았습니다. "도선에 두 종류의 전기가 분해와 재합성을 반복하며 서로 반대 방향으로 전파되는 과정에서 전기적 충돌이 일어난다"라는 내용이었죠. 이런 설명은 당시 학자들에게도 매우 생소했기 때문에 외르스테드의 실험 결과가 유럽 전역에 알려진 것과 달리 이론은 금방 잊혔습니다.

전자기학의 개척자가 된 서점 직원

전자기가 서로 영향을 끼친다는 실험이 알려지면서 다른 과학자들도 전자기 현상에 관심을 갖고 연구하기 시작했습니다. 특히 마이클 패러데이는 외르스테드의 실험 결과를 정확히 이해했을 뿐 아니라 실험을 통해 전기와 자기의 관계를 규명해냈습니다.

　패러데이는 뛰어난 과학자였지만 굴곡 있는 삶을 살았던 인물이기도 합니다. 가난한 대장장이의 아들로 태어나 정규교육을 받지 못했고 12세부터 런던에 있는 서점 제본소에서 일했습니다. 그럼에도 시간이 날 때마다 과학 서적을 읽고 실험을 하고 주위 사람들과 토론하며 살았다죠. 1812년, 그는 당시 영국 최고 과학자였

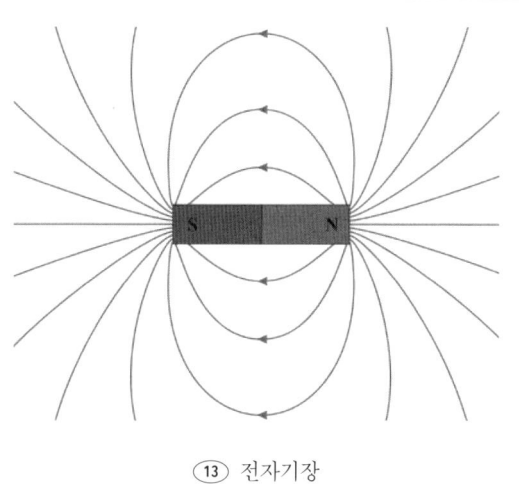

⑬ 전자기장

던 험프리 데이비의 강연을 들으면서 과학 연구에 눈을 뜨게 됩니다. 패러데이는 자신이 정리한 실험 노트를 가지고 데이비에게 찾아갔고 실험 조수로 뽑혀 다양한 연구를 시작했습니다.

외르스테드와 반대로 패러데이는 자기에서 전기가 발생한다는 개념을 떠올렸습니다. 만약 전기와 자기가 서로 연관되어 있다면 자기가 전기의 영향을 받듯이(전기 도선 때문에 나침반 바늘이 움직이는 실험에서처럼) 자기 역시 전기에 영향을 끼칠 것이라고 생각한 패러데이는 이러한 가설을 검증하기 위한 실험을 계획했습니다. 우선 고리 모양 철심 2개에 코일을 감고, 각 철심을 검류계와 회로에 연결했습니다. 그 뒤 철심 끝에 막대자석을 갖다대거나 떼자 검류계 바늘이 움직였습니다. 다시 말해 자석의 움직임에 따라 전기의 흐름이 변했던 것이죠. 주변 자기장의 변화에 따라 전기가 유도되는 현상을 '전자기 유도electromagnetic induction'라고 부릅니다.[7]

전자기 유도 현상의 발견으로 오늘날 우리는 전기를 쉽게 사용할 수 있게 되었습니다. 화력, 원자력, 수력 등 발전소 대부분에서 전기를 만들 때 이 전자기 유도 현상을 이용하지요. 발전소의 거대한 증기터빈은 전자기 코일과 연결되어 있는데, 많은 증기가 증기터빈을 움직이면 동시에 코일이 회전하면서 엄청난 양의 유도전류induced current가 만들어지게 됩니다. 단순하지만 효과적인 전기 생산 방법이지요.

패러데이는 복잡한 수식 없이 직관을 통해 전자기력이 발생하는 원리를 제시하기도 했습니다. 종이 위에 철가루를 뿌려놓고 그 아래에 자석을 두면 철가루가 매번 유사한 패턴으로 배열되는데, 패러데이는 이를 보며 전자기력이 작용하는 특정 방향이 있다고 추측했습니다. 그런데 철가루가 배열되는 모습은 뉴턴의 중력과 달랐습니다. 뉴턴의 중력이 빈 공간 사이에서 직접 작용하는 힘이었다면 패러데이는 빈 공간을 가득 메우는 '힘의 장field'이 있다고 생각한 것이죠.

패러데이는 1852년 논문 〈자기력선의 물리적 특성On the Physical Character of the Lines of Magnetic Force〉에서 자기력장이 주위 공간에 직접 끼치는 영향을 구체적으로 설명했습니다. 그에 따르면 공간에 자기장을 따라 힘의 선이 존재하며 철가루가 배열되는 선은 자기장이 자연에서 작용하는 모습을 나타내줍니다. 직접 눈으로 볼 수 없는 전자기장이나 전자기선의 모습을 철가루를 통해 파악했던 것이죠. 이렇게 도입된 장 개념은 이후 전자기장이라는 개념으로 확장되었습니다.

전기와 자기라는 서로 다른 현상을 전자기학이라는 학문으로 설명할 수 있게 되면서 더 나아가 힘 또는 에너지를 다른 형태로 변환할 수 있을 것이라는 발상으로 이어졌습니다. 전기와 자기가 서로 변환 가능하듯이 열에너지와 화학에너지, 전기에너지 등 수많은 에너지도 변환할 수 있다는 생각을 하게 된 것이죠.

그러나 패러데이는 전기와 자기의 관계를 수학적으로 정리하지는 못했습니다. 패러데이 전자기학의 한계는 공교롭게도 패러데이가 전자기 유도 현상을 발견한 해에 태어난 다음 세대 과학자가 해결하게 됩니다.

마침내 빛까지 통합하다

현대과학에서는 불가능에 가까운 일이지만 과거 과학계에서는 한 인물이 새로운 학문을 만들거나 완성시키곤 했습니다. 뉴턴이 고전역학을 완성하거나 다윈이 생물학의 기초를 제시했듯이 말입니다. 제임스 클러크 맥스웰은 전자기학을 완성시킨 인물입니다. 맥스웰 전까지는 전자기력과 전자기 유도 같은 현상들을 개별적으로 이해하고 계산했을 뿐 통합적으로 설명하지 못했습니다. 하지만 맥스웰은 전자기 연구 결과를 종합해 20개의 방정식으로 정리했습니다. 그 뒤 영국의 수학자이자 물리학자 올리버 헤비사이드Oliver Heaviside(1850년~1925년)가 이를 4개 방정식으로 더욱 간략화하며 오늘날 우리가 보는 것과 같은 맥스웰 방정식이 만들어졌죠. 무엇보다 맥스웰은 전기와 자기 현상의 특성과 변환, 에너지 계산, 더 나아가 빛의 본질까지 밝혀냈습니다. 따라서 맥스웰은 전자기학뿐 아니라 물리학에도 큰 영향을 끼친 위대한 과학자지요.

맥스웰 방정식의 핵심은 다음과 같습니다. 첫째, 전하가 있으면 전기장이 존재한다. 둘째, 자기 홀극자가 존재하지 않는다(자석은 언제나 N극과 S극이 함께 존재해야 한다). 셋째, 자기장의 변화는 전기장을 만든다. 넷째, 전기장의 변화는 자기장을 만든다. 사실 4가지 방정식 또는 법칙은 이전 과학자들도 알고 있었으며[8] 대표적으로 세 번째 방정식은 패러데이가 전자기 유도 법칙을 통해 이미 발견한 바 있지요. 하지만 맥스웰은 흩어져 있던 4개 법칙을 통합해 수식으로 정립했다는 데 의의가 있습니다.

맥스웰의 첫 번째 법칙은 가우스 법칙이라고도 불리며 쿨롱의 법칙과 의미가 같습니다. 독일의 수학자이자 물리학자였던 카를 프리드리히 가우스Carl Friedrich Gauss(1777년~1855년)는 쿨롱의 법칙과 비슷하게 전하에서 만들어지는 전기장의 크기를 연구했습니다. 다만 쿨롱은 두 점전하 사이에서 발생하는 힘을 다룬 반면 가우스는 하나의 점전하에서 발생하는 힘을 다뤘습니다.

두 번째 법칙은 가우스의 자기 법칙이라고도 불립니다. 가우스가 하나의 점전하를 연구하는 과정에서 등장한 법칙으로, 전기와 자기의 차이를 잘 보여줍니다. 전기는 하나의 홀전하에서 발생할 수 있지만(곧 전기는 홀극이 존재할 수 있지만) 자기는 홀극이 존재하지 않습니다. 다시 말해 자석은 항상 두 극을 가지며 하나의 자석을 아무리 쪼개도 언제나 N극과 S극으로 나뉩니다. 가우스의 자기 법칙은 일정한 공간으로 들어오는 자기력선과 나가는 자기력선의 크기가 언제나 같고, 서로 반대로 작용하는 크기의 힘의 합이 0임을 보여줍니다. 물론 이 법칙으로 자기 홀극이 없는 이유는 설명하지 못하지만 수학적으로 총합이 0인 이유는 기술할 수 있죠.

맥스웰의 세 번째 법칙과 네 번째 법칙에 따르면 전기장의 변화는 자기장을 만들고 자기장의 변화는 전기장을 만듭니다. 특히

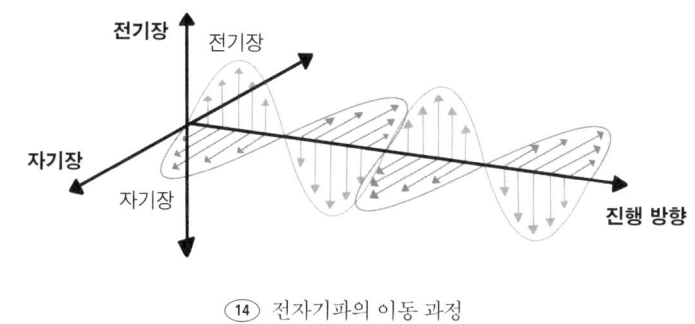

⑭ 전자기파의 이동 과정

전류가 흐르는 전선에 자기장이 발생한다는 사실은 이전에도 '앙페르 회로 법칙Ampère's circuital law'으로 알려져 있었죠. 다만 맥스웰은 앙페르 회로 법칙을 확장해 전기장의 세기가 변하면 자기장이 발생한다는 사실까지 밝혀냈습니다.

그런데 맥스웰 방정식을 보다 보면 한 가지 흥미로운 가정이 떠오릅니다. '전기가 자기를 유도하고 반대로 자기도 전기를 유도한다면 사실 둘은 같은 존재가 아닐까?' 하는 것이죠. 맥스웰은 전기장과 자기장에서 만들어지는 전기와 자기가 실제로는 동일한 '전자기파electromagnetic wave'의 다른 현상임을 알아냈습니다. 전자기파란 이름에서 알 수 있듯이 파동의 일종이며, 전기장과 자기장은 공간에서 서로 수직 방향으로 전달됩니다. 한편 맥스웰이 계산한 전자기파의 속도는 초속 약 3.0×10^8미터입니다. 1초에 지구를 7바퀴 넘게 돌 수 있는 수준이죠. 어디서 많이 들어본 것 같나요? 맞습니다. 이는 바로 빛의 속도와 같은 값입니다. 곧 빛 역시 전기장과 자기장의 교차 진동으로 만들어지는 전자기파의 일종이며 전자기학 법칙으로 설명할 수 있다는 간단명료한 결론을 얻은 것이죠.

하지만 맥스웰은 오로지 수학적인 근거로 전자기파의 존재를 예측했을 뿐 그 실체를 발견하지는 못했습니다. 맥스웰의 전자기파를 실험으로 확인한 인물은 하인리히 헤르츠Heinrich Hertz(1857년~1894년)입니다. 오늘날 진동수의 단위인 헤르츠(Hz)는 그의 이름을 땄지요. 헤르츠는 실험을 통해 전자기파를 발생시키고 검출하는 데 성공하면서 전자기파의 존재를 최초로 입증했습니다. 이전까지는 도선이 연결되어 있어야 전기가 흐른다고 생각했는데, 헤르츠의 발견으로 공간에서 전자기파가 전달되고 그래서 무선 상태에서도 전기가 흐를 수 있다는 게 밝혀졌습니다.

맥스웰은 전자기학을 완성한 것을 넘어 물리학 전반에 새로운 영감을 줬습니다. 특히 전자기파의 존재에 관한 통찰과 더불어 빛 역시 전자기파라는 발견은 훗날 아인슈타인에게도 지대한 영향을 끼쳤죠. 아인슈타인은 맥스웰이 장 개념을 도입한 업적을 두고 그가 "시공간 법칙의 정확한 형태를 묘사했다"라고 평가하기도 했습니다.

한계 너머

현대과학의 새로운 지평

4부

'현대'라는 시기는 얼핏 보면 지금과 크게 차이나지 않는 듯 보입니다. 과학사에서는 일반적으로 X선이 발견된 1895년을 현대과학의 시작점으로 봅니다.

철학은 어떨까요? 서구 현대철학은 근대철학을 뒤엎으며 새로운 방향으로 나아갔습니다. '나는 생각한다'라는 데카르트의 자아 개념은 사유하는 개인과 이성을 중시하는 근대철학의 근간입니다. 하지만 19세기 말 프리드리히 니체Friedrich Nietzsche(1844년~1900년)는 근대철학의 기반을 전복하는 것은 물론 '신은 죽었다'라는 말을 통해 신 개념과 절대적 우상을 파괴하는 데 앞장섰습니다. 문학에서도 새로운 길을 제시한 작가들이 있었습니다. 동양과 서양의 철학을 융합하면서 주인공이 개인의 구원을 찾아 헤매는 《데미안Demian》 같은 작품을 남긴 헤르만 헤세Hermann Hesse(1877년~1962년), 새로운 작품 기법을 선보이고 여성의 삶을 기록했던 버지니아 울프Virginia Wolf(1882년~1941년)처럼 말입니다.

한편 기존 철학이 무너진 자리에 민족주의와 국가주의가 들어서면서 역사도 이전과 다르게 흘러갔습니다. 훨씬 많은 사람과 국가가 하나의 전쟁에 참여하면서 1914년 제1차 세계대전, 1939년 제2차 세계대전이 발발했고 수많은 군인과 민간인이 전쟁의 상흔을 입었죠. 이성적 존재라고 믿었던 인간이 얼마나 서로를 무심하게 해칠 수 있는지 보여주는 충격적인

사건들이었습니다. 과학기술의 발전도 전쟁사에 많은 영향을
받았습니다. 오늘날 자동차, 비행기, 로켓 등을 만들 때 쓰이는
기술도 처음에는 군사적 목적으로 탄생했습니다.

    19세기 말에 등장한 현대과학은 이전 시대 과학의
패러다임을 완전히 뒤집었습니다. 물리학, 화학, 생물학,
천문학 등 분야를 가리지 않고 기존 지식이 산산이 부서지고
새로운 지식이 창조되었지요. 더 이상 쪼개지지 않는 입자라고
여겨졌던 원자가 쪼개지는가 하면 뉴턴의 고전역학이
한계에 부딪히면서 상대성이론theory of relativity과 양자역학이
등장했습니다. 오랜 세월 동안 과학자들을 헷갈리게 한 빛의
정체가 입자성과 파동성을 동시에 갖는 기묘한 존재였다는
사실이 밝혀지기도 했지요. 생물학에서는 생명체의 기본 원리를
발견했고 천문학에서는 빅뱅 이론을 통해 우주의 비밀에 한발짝
다가갔습니다.

    이 모든 과정에서 가장 유명한 과학자 중 한 명인
아인슈타인이 광양자설light quantum theory과 상대성이론이라는
위대한 연구 업적을 남겼습니다. 현대물리학의 또 다른 축인
양자역학은 막스 플랑크Max Planck(1858년~1947년), 루이
빅토르 드브로이Louis Victor de Broglie(1892년~1987년), 닐스
보어Niels Bohr(1885년~1962년), 베르너 하이젠베르크Werner
Heisenberg(1901년~1976년) 등 물리학 교과서에 길이 남을 대단한

과학자들의 발상에서 탄생했습니다. 현대과학이 발전하면서 밝혀진 지식들은 지금까지 세부적인 내용들은 약간씩 달라졌을지라도 핵심은 크게 바뀌지 않았습니다. 과학적 업적을 기리는 노벨상 수상도 20세기에 시작되었죠.

1장

모든 것이
무너지다

미궁에 빠진
고전물리학

현대물리학은 왜 어려울까?

현대물리학, 현대화학, 현대철학, 현대미술, 현대음악……. '현대'라는 수식어가 붙은 분야들은 대개 난해하게 느껴집니다. 생각해보면 현대는 지금과 가장 가까운 시대인데도 왜 고대나 근대보다

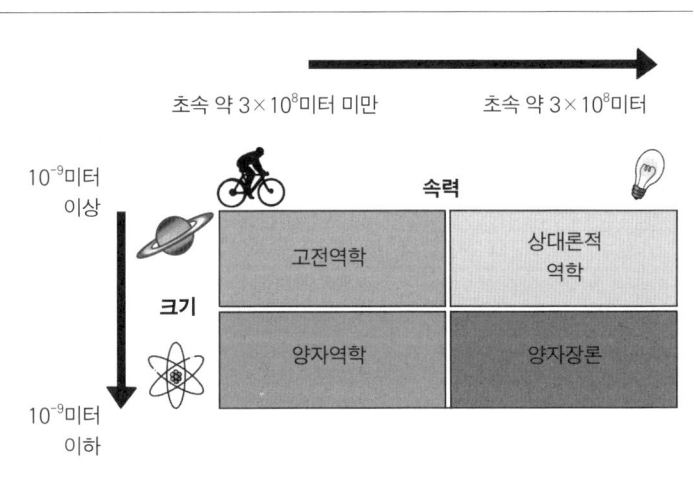

⑮ 고전물리학과 현대물리학의 비교

거리감이 느껴지는지 좀 이상하기도 합니다. 분야를 막론하고 기존 것을 뛰어넘는 새로운 발견이 이어지다 보면 점차 세분화되고 추상화될 수밖에 없어서 그런 걸까요?

고전물리학과 현대물리학을 나누는 결정적 사건은 '양자역학'과 '상대성이론'의 등장입니다. 이 현대물리학의 두 기둥은 고전물리학과 달리 경험적으로 느끼기 어렵습니다. 예를 들어, 고전물리학의 뉴턴 제2법칙(물체에 강한 힘을 줄수록 빠르게 움직인다)은 직관적으로 이해되고 일상생활에서도 쉽게 볼 수 있습니다. 당장 눈앞에 보이는 물체를 잡아서 던져보면 되니까요. 하지만 양자역학에서 '물질을 이루는 입자가 확률적으로 존재한다'는 개념이나 상대성이론에서 '빛의 속도에 가까울 정도로 빠르게 움직이면 시간의 흐름이 느려진다'는 개념은 직관적이지도 않고 직접 보거나 느끼기도 어렵습니다.

현대물리학은 왜 이런 난해한 개념들을 도입해야 했을까요? 고전물리학이 '세상이 어떻게 움직이는가?'에 대한 정확한 대답을 주었다면 현대물리학은 어떤 질문에 대답하기 위해 탄생했을까요? 결론부터 말하자면 양자역학은 아주 작은 세계, 곧 미시세계에서의 입자들의 거동을 설명하고, 상대성이론은 아주 큰 세계, 곧 행성이나 우주 단위에서의 거동을 설명합니다. 다시 말해 현대물리학은 고전물리학에서 다루는 일반적인 세계 너머의 양극단 세계에서 물리적 현상들을 설명하기 위해 탄생했습니다. 우리가 보고 듣고 느끼며 살아가는 보통의 세계에서는 여전히 고전물리학이 유효하다는 뜻이기도 합니다.

미지의 광선

X선은 눈에 보이지는 않지만 누구나 한 번쯤 접해봤을 겁니다. X선 덕분에 병원에서 몸을 굳이 열지 않고도 몸 안을 살펴볼 수 있고 산업 현장에서 다양한 계측이 가능합니다. X선의 가장 큰 장점은 물질을 투과해 밖에서는 볼 수 없는 내부 정보를 쉽게 얻어낸다는 것입니다. X선이 투과성이 높은 이유는 파장이 가시광선보다 수십 배 짧기 때문입니다. 파장이 짧은 만큼 높은 에너지를 갖기 때문에 생물체가 X선에 과도하게 노출되면 해를 입습니다. 양날의 검이라 할 수 있죠.

X선은 독일의 물리학자 빌헬름 콘라트 뢴트겐Wilhelm Conrad Röntgen(1845년~1923년)이 처음 발견했습니다. 그는 암실에서 음극선cathode ray[(−)극에서 방출된 전자들의 흐름]관을 두꺼운 마분지로 싸서 어떤 빛도 새어나올 수 없는 구조를 만들었습니다. 그럼에도 음극선관에 전류가 흘러 몇 미터 떨어진 스크린에서 빛이 새어 나왔습니다. 분명히 눈으로 봤을 때에는 음극선관과 스크린 사이에 전달되는 빛이 없었는데 말이지요. 뢴트겐은 음극선과 스크린 사이에 마분지 대신 나무판자, 헝겊, 금속판 등 다양한 물질을 놓아보았습니다. 이 광선은 모든 물질을 투과했지만 두께가 1.5밀리미터를

넘는 납은 투과하지 못했습니다. 뢴트겐은 정체를 알 수 없는 이 광선에 일단 미지수 X를 붙여 X선이라고 명명했죠.

뢴트겐은 이 광선 앞에서 의도치 않게 자기 몸으로 다양한 실험을 했습니다. 책을 든 손에 X선을 쏘아 책 안에 책갈피로 끼워 놓은 열쇠와 자기 손 뼈가 투과된 이미지를 얻기도 했죠. 뢴트겐은 책뿐 아니라 손 내부까지 훤히 들여다보이는 이미지에 너무 놀라 자신이 무슨 실수를 했거나 환각을 보고 있는 게 아닌가 의심할 정도였습니다. 신중한 성격이었던 뢴트겐은 아내를 실험실로 불러 그녀의 손도 X선으로 찍어보았고, 손 뼈와 손가락에 끼고 있던 반지가 함께 드러난 이미지를 얻었죠. 뢴트겐은 정체는 모르겠지만 어쨌든 X선이 분명히 존재한다고 확신하게 되었습니다. 아내의 손 사진은 X선 발견을 입증하는 대표적인 자료이지만 아내는 이 사진이 자신의 죽음을 예고한다고 생각해 이때부터 실험실에서 멀어졌다고 합니다. 흔히 해골은 죽음의 상징처럼 여겨졌으니 X선 사진을 처음 보고 겁에 질렸을 만합니다.

X선은 빛처럼 직선으로 전파되기 때문에 '선ray'이라는 이름을 붙였지만 빛과 달리 반사나 굴절이 일어나지 않고 자기장에도 진행 방향이 바뀌지 않습니다. 또한 관측에 따르면 음극선이 유리벽이나 반대 양극에 부딪힐 때에도 X선이 나타났습니다. 뢴트겐은 X선의 정체를 정확하게 파악하지는 못했지만 1896년에 X선에 관한 논문 〈새 종류의 광선에 대하여 Über eine neue Art von Strahlen〉를 발표합니다.

한편 외과 의사들은 X선으로 몸 안을 직접 볼 수 있다는 점에 주목했습니다. 실제로 X선을 이용해 환자 몸속에 있는 유리 파편이나 총알 같은 물체를 찾아내기도 했죠. 또한 X선이 보여주는 독특한 해골 같은 이미지는 학계뿐 아니라 유럽 전역에서 큰 관심을 끌었습니다. 매체들은 X선의 발견으로 다가올 어두운 미래를 자극적으로 보도하기도 했습니다. X선이 사생활을 침해할 것이라는 우려도 있었습니다. 영국의 어느 란제리 제조 업체가 "이 속옷은 X선을 통과시키지 않음을 보장합니다"라는 광고를 할 정도였으니 말입니다.

1901년, 최초의 노벨 물리학상이 뢴트겐에게 주어집니다. X선을 발견한 물리학자가 최초의 노벨 물리학상을 받았다는 사실에서 알 수 있듯이 X선은 현대과학의 시작점으로 꼽힙니다. X선은 산업적 응용성도 매우 높았기 때문에 X선 이용에 관한 특허를 신청하면 막대한 경제적 이익을 누릴 수도 있었습니다. 그러나 뢴트겐은 "X선은 내가 발명한 것이 아니라 원래 있던 것을 발견한 것에 지나지 않는다"라고 주장하며 X선을 모두가 활용할 수 있게 특허를 신청하지 않았습니다.

가장 위험한 빛

뢴트겐이 X선을 우연히 발견한 것처럼 프랑스의 물리학자 앙투안

앙리 베크렐Antoine Henri Becquerel(1852년~1908년)도 X선을 연구하다가 엉뚱하게 방사선radioactive ray을 발견하게 됩니다. 당시 베크렐은 인광체phosphor를 연구하고 있었습니다. 인광체란 외부의 빛을 흡수했다가 빛이 없는 환경에서도 한동안 빛을 내뿜는 물질입니다. 베크렐은 인광체가 가시광선뿐 아니라 X선도 같이 방출할 것이라고 생각했습니다. 그래서 인광체를 햇빛에 노출시켜 충분한 에너지를 받게 한 뒤, 뢴트겐처럼 검은 종이로 둘러싼 스크린 옆에 인광체를 두었습니다. 그러자 인광체의 흔적이 그대로 나타났죠. 베크렐은 햇빛 때문에 인광체가 X선을 방출한다고 생각했지만 흐린 날이나 심지어 빛을 아예 받지 않은 날에도 스크린에는 여전히 인광체의 흔적이 나타났습니다. 인광체가 빛의 유무와 상관없이 스스로 X선을 내뿜고 있었던 것입니다. 뢴트겐의 X선이 음극선관에 전기를 흘려주었을 때 발생한다면 베크렐이 발견한 '베크렐선Becquerel ray'은 인광체에서 자체적으로 광선이 나온다는 점이 달랐습니다.

많은 과학자가 뢴트겐과 베크렐의 연구 결과에 흥미를 가졌고 그중에는 폴란드의 과학자 마리 퀴리Marie Curie(1867년~1934년)도 있었습니다. 최초의 여성 노벨상 수상자이자 노벨 물리학상과 화학상을 동시에 수상한 유일한 인물이지요. 1897년에 퀴리는 X선과 베크렐선의 에너지 근원이 무엇인지를 논문 주제로 탐구를 시작했습니다.

마리 퀴리는 역청 우라늄석에서 염화라듐radium chloride을 처음으로 분리해내는 데 성공합니다. 또한 자연계에서 빛을 쪼였을 때

성질이 변화하거나 형광작용을 나타내는 물질들을 방사능radioactivity(또는 방사성 물질radioactive substance), 이 물질에서 나오는 빛을 방사선radioactive ray이라고 최초로 명명했습니다. 방사능은 화학 작용에도 쉽게 변하지 않을뿐더러 방사성 물질의 양에 따라 방사선이나 열을 방출합니다.

마리 퀴리가 연구한 대표적인 방사능인 라듐radium은 어둠 속에서 푸르스름한 빛을 발하는 독특한 형광 성질로 당대인들을 매료시켰습니다. 그때까지만 해도 방사능의 위험이 알려지지 않았기 때문에 많은 사람이 라듐을 섞은 도료로 야광 시계나 조종판을 만들고 야광페인트로 만들어 사용했지요. 그러나 10년도 안 되어 라듐이 인체에 누적되며 나타나는 악영향이 밝혀졌습니다. 라듐을 분리해 연구하던 마리 퀴리와 남편 피에르 퀴리Pierre Curie(1859년~1906년)가 방사능의 위험성을 깨달았을 때는 이미 방사능에 많이 노출된 뒤였죠. 그들은 60대부터 골수암, 백혈병 같은 여러 질병에 시달렸습니다. 라듐을 발견한 순간을 기록한 연구 노트는 100년이 지난 지금까지도 방사선을 방출하고 있어 차폐되어 보관 중이죠.

1890년대에 이미 과학의 모든 것이 규명되었고 새로운 것은 더 이상 없다고 생각했던 과학자들에게 X선과 방사능의 발견은 가히 뒤통수를 한 대 얻어맞은 것 같은 충격적인 일이었습니다. 이런 발견은 원자에 관한 지식이 부족했던 당대의 화학반응 이론으로는 설명하기 어려웠죠. 물질의 기본 구성단위인 분자나 분자 사이의 상호작용으로 화학반응이 일어나는 것이 아니라 원자 내부에서 변화가 일어나며 에너지가 방출된다는 개념이 필요했으니까요. 이 개념은 세기초에 다른 과학자들이 복잡한 원자구조를 밝히는 데에도 결정적인 역할을 했습니다.[1]

난제 1. 대체 원자는 어떤 구조를 갖는가?

그리스 철학자 데모크리토스의 '더 이상 쪼갤 수 없는 입자', 곧 원자 개념은 화학에서 진리처럼 여겨졌습니다. 이 개념 이후 돌턴의 원자설부터 분자까지 화학사에서 다양한 입자 개념이 탄생했죠. 그런데 20세기에 접어들자 새로운 실험 결과들이 쌓이면서 원자 역시 쪼갤 수 있다는 사실이 밝혀졌습니다.

조지프 존 톰슨Joseph John Thomson(1856년~1940년)은 원자 내 구조를 처음으로 제안한 영국의 물리학자입니다. 뢴트겐처럼 톰슨도

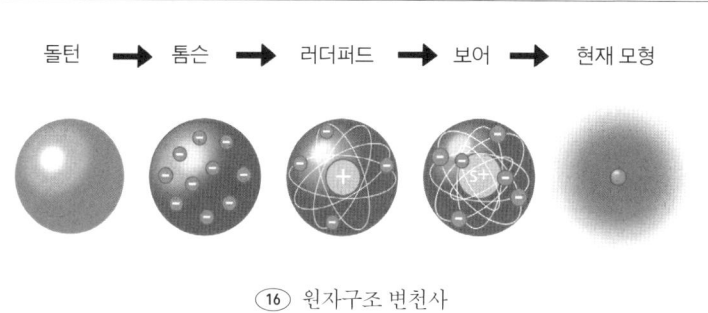

⑯ 원자구조 변천사

음극선을 연구하는 과정에서 새로운 사실을 밝혀냈습니다. 기존 원자 모형에 따르면 물질을 이루는 원자는 전기적으로 중성이어야 합니다. 그렇지 않으면 같은 극을 띠는 입자 사이에 척력이 작용해 원자들이 튕겨 나가게 되고, 물질이 안정적으로 구성될 수 없기 때문이죠. 그런데 톰슨의 관찰에 따르면 음극선 역시 질량을 가진 입자로 이루어져 있음에도 불구하고 (-)전하를 가지며 외부에서 가해주는 전기장에 따라 휘는 방향이 달라집니다. 다시 말해 기존 원자 모형으로는 음극선을 이루는 원자는 중성인 동시에 음극선이 전기장에 따라 휘어지는 현상을 설명할 수 없었습니다.

 그러자 톰슨은 과감하게 새로운 원자구조를 제시했습니다. 둥근 푸딩 안에 작은 건포도가 총총 박혀 있는 것처럼 전체적으로 (+)전하를 띠는 원자 공에 (-)전하를 띠는 훨씬 더 가벼운 입자가 박혀 있는 형태였죠. 톰슨은 (-)전하를 띠는 입자에 '전기를 통하게 하는 입자'라는 뜻에서 '전자'라는 이름을 붙였습니다. 이 구조에 따르면 원자 공과 전자의 전하가 서로 다르기 때문에 외부 자기장으로 말미암아 음극선이 휘어지는 현상을 설명할 수 있었습니다. 또한 원자가 전체적으로는 전기적으로 중성인 이유도 설명할 수 있었지요. 원자가 완결된 존재가 아니라 더 작은 단위로 나뉠 수 있다는 개념이 생기자 새로운 질문이 꼬리를 물고 생겨났습니다. 톰슨의 원자구조에서도 전자의 (-)전하를 상쇄시킬 (+)전하가 어디에서 오는지, 왜 전자는 (-)전하고 공은 (+)전하여야 하는지 의문이 남았습니다.

톰슨에 이어 그의 제자인 어니스트 러더퍼드Ernest Rutherford(1871년~1937년)도 다시 한 번 새로운 원자 모형을 제안했습니다. 한스 가이거Hans Geiger(1882년~1945년)와 어니스트 마스든Ernest Marsden(1889년~1970년)이 러더퍼드와 함께 얇은 백금판에 방사선의 일종인 알파선α-ray(방사성 원소의 알파붕괴와 함께 방출되는 알파입자α particle의 흐름)을 쏘는 실험을 하고 있을 때였습니다. 실험 장치 주변은 알파입자와 부딪혔을 때 빛을 내는 황화아연판으로 둘러싸여 있어 알파입자가 백금판을 지나 어디로 향하는지 볼 수 있었죠. 대부분의 알파입자는 알파선의 진행 방향과 크게 다르지 않은 곳에 흔적을 남겼습니다.

문제는 진행 방향과 정반대인 뒤쪽에도 흔적이 남았다는 것이었습니다. 톰슨의 원자 모형에 따르면 모든 알파입자는 백금판을 일직선으로 통과해 황화아연판에 도달해야 합니다. 그러나 실제로는 약 2만 개 중 1개 비율로 예상과 다르게 이동하는 알파입자가 발견된 것이었죠. 러더퍼드가 "화장지 조각에 15인치 포탄을 발사했는데 다시 반사되어 돌아온 것만큼 놀라운 일이다"라고 표현했을 정도로 기존 이론으로는 설명할 수 없는 현상이었습니다. 알파입자가 전자에 부딪혀 뒤로 튕겨 나오는 것이었을까요? 그러나 전자가 알파입자보다 수천 배 가볍기 때문에 이런 설명은 납득하기 어려웠습니다.

이 현상을 설명하기 위해 러더퍼드는 완전히 새로운 원자 모형을 제시했습니다. 원자 내부에 (+)전하가 푸딩처럼 균일하게 퍼져 있는 게 아니라 아주 작은 한 공간에 꾸역꾸역 뭉쳐 있다고 가정한 것이지요. 이것이 바로 원자핵입니다. 알파선 실험에서 대다수의 알파입자는 원자핵이나 전자와 상호작용하지 않고 그냥 통과하지만 극소수 알파입자가 더 무거운 이 원자핵과 충돌해 완전히 반대 방향으로 튕겨져 뒤쪽에 자국을 남긴 것입니다. 원자핵 개념에서, 원자구조가 가장 단순한 수소 원자의 경우 전체 크기 중 원자핵이 차지하는 비율은 10만 분의 1 정도에 불과합니다. 원자 내부가 거의 텅 비어 있는 셈이지요.

그렇다면 러더퍼드의 원자 모형은 완벽했을까요? 아닙니다. 러더퍼드의 모형은 원자가 전자기학적으로 안정하게 존재할 수 있는 이유를 설명하기에 한계가 있습니다. 러더퍼드 모형에 따르면 전자들은 원자핵을 중심으로 원형 궤도를 그리며 행성처럼 공전합니다. 그런데 이 경우 (−)전하를 띠는 전자끼리 가까워질 때 전기적 반발력이 생깁니다. 전자들이 서로 팽팽하게 반발력을 유지하고 있다면 외부에서 작은 전기적 변화만 가해도 전자들이 모두 튕겨져 나가야 하는데, 실제 자연에 있는 전자는 그 정도로 불안정한 상태가 아니지요.

또 다른 문제는 원자 모형을 고전역학으로 설명할 수 없었다는 점이었습니다. 전자가 원자핵 주위를 돌고 있다면 계속된 회전 때문에 점차 에너지를 잃어버려야 합니다. 다시 말해 전자가 에너지를 '점점' 잃어버린다면 원자에서 연속적인 파장을 갖는 에너지가 방출될 것이며, 전자는 원래의 궤도를 유지할 에너지가 부족하기 때문에 점차 원자핵에 가까워져야 합니다. 그러나 실제로는 모든 전자가 궤도에서 이탈하지도 않으며 입자에서 매 순간 에너지가 방출되지도 않습니다.

이처럼 러더퍼드의 이론은 현대적 원자 개념의 기초를 제시하는 혁신적인 이론이었지만 역학적으로나 전자기학적으로 불완전했습니다. 이 한계는 원자에 관한 고전역학의 한계와 같았지요. 원자보다 작은 미시세계에서 입자를 제대로 설명하려면 양자역학의 등장을 기다려야 했습니다.[2]

난제 2. 빛과 에너지의 관계를 어떻게 설명할 것인가?

양자역학이나 현대물리학을 배울 때 늘 '흑체복사black body radiation'부터 시작했던 기억이 있습니다. 하지만 매번 그 현상이 무엇이고 왜 중요한지 이해가 잘 가지 않았죠. 단어를 풀어보면 '흑체복사'란 검은 물체black body가 열을 내는 복사radiation 현상입니다. 일반적으로 빛과 열을 내는 검은 물체를 본 적이 없어서일까요? 흑체복사가 어떤 현상인지 머릿속에 쉽게 그려지지 않습니다.

예를 들어 커다란 텀블러 뚜껑에 공기구멍이 조그맣게 뚫려 있고, 그 구멍을 텀블러 내부에서 보는 모습을 떠올려봅시다. 텀블러의 내부는 '흑체'만큼이나 매우 어두울 것입니다. 이런 구조에서는 뚫린 구멍이 너무 작기 때문에 외부의 빛이 한번 들어오면 밖으

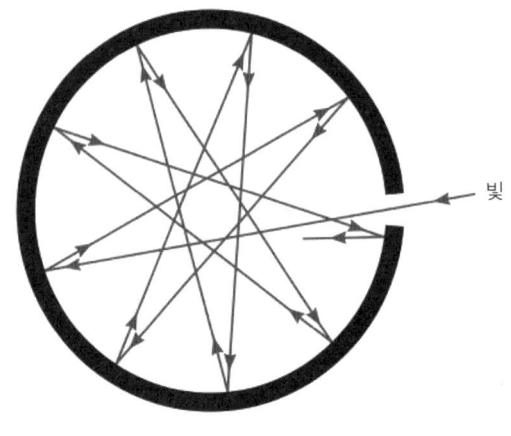

⑰ 흑체복사 현상

로 나가기 어렵습니다. 이처럼 흑체에 들어온 빛은 반사를 반복하거나 흡수되어 흑체 밖으로 쉽게 나가지 않습니다. 따라서 흑체는 갖고 있는 복사열만을 방출하지요. 또한 이론상 흑체는 에너지를 흡수하기만 하고 방출하지 않으므로 온도가 무한대로 오를 것입니다. 물론 흑체는 가정 속에서나 존재할 수 있는 물질이지요.

흑체복사의 중요한 점은 물체 표면의 온도와 물체가 내뿜는 빛의 파장 사이의 관계만 독립적으로 이해할 수 있다는 것입니다. 방금 살펴봤다시피 일반적인 물체는 반사된 외부의 빛과 물체 표면 온도에 의한 빛을 동시에 나타내지만 흑체는 외부의 빛을 반사하지 않기 때문에 물체 표면의 온도만 측정할 수 있지요. 이러한 흑체복사 현상은 코로나 바이러스 팬데믹 때도 많이 활용되었습니다. 발열 증상을 확인하기 위해 체온을 측정할 때, 체온 측정 모니터를 잘 보면 사람들의 체온에 따라 모니터에 표시되는 색이 다른 걸 알 수 있습니다. 이는 물체가 발산하는 온도에 따라 방출하는 에너지가 달라지고, 에너지에 따라 파장이 달라지는 원리를 이용한 것이죠. 또한 온도를 직접 측정할 수 없는 경우, 예를 들어 머나먼 별의 온도를 측정하고 싶을 경우에는 빛의 파장을 통해 표면 온도를 유추해야 하는데, 이때도 흑체복사를 활용할 수 있습니다.

흑체복사 현상을 중심으로 탐구하기 시작한 빛과 에너지의 관계는 19세기 말 물리학자들을 골치 아프게 했습니다. 고전역학으로는 도저히 둘의 관계를 설명할 수 없었기 때문이었지요. 실험 결과들에 따르면 물체의 온도가 높아질수록 방출되는 에너지가 커지며 물체가 나타내는 빛의 파장도 짧아집니다. 이는 빛의 파장이 짧아질수록 물체의 에너지가 커진다는 뜻이기도 합니다. 그렇다면 이론상 X선 정도로 파장이 짧아질 경우 무한대의 에너지를 가져야 합니다. 그런데 실제 실험 결과를 보면 빛에너지는 가시광선 같은 긴 파장 영역에서 X선 같은 짧은 파장 영역으로 점점 커지다가 특정 파장에서 최댓값을 가진 뒤 급격하게 감소합니다. 이렇게 자외선보다 짧은 파장대에서 이론과 실제 실험 결과가 완전히 어긋나는 현상을 두고 1911년에 파장대의 이름을 딴 '자외선 파탄 ultraviolet catastrophe'이라는 용어가 등장했습니다.

결론적으로 원자구조가 어떻게 안정적으로 유지될 수 있는지, 짧은 파장대에서 빛과 에너지의 관계가 어떠한지 같은 문제는 당시 고전역학으로는 제대로 설명할 수 없었습니다. 이런 상황에서 현대물리학의 새로운 기둥인 양자역학이 등장하게 됩니다.

(2장)

다 알 수는 없다

양자역학의 부상

파탄 난 고전역학

앞서 말했듯이 현대물리학의 두 축은 양자역학과 상대성이론입니다. 그중 상대성이론은 아인슈타인이 특수상대성이론과 일반상대성이론으로 일목요연하게 제시했습니다. 반면 양자역학은 여러 과학자가 조금씩 힘을 보태며 만들어졌습니다. 막스 플랑크, 닐스 보어, 에르빈 슈뢰딩거Erwin Schrödinger(1887년~1961년), 베르너 하이젠베르크 등 노벨 물리학상을 수상한 대단한 과학자들의 업적이기도 했지요. 이런 과학자들 덕분에 양자역학의 개념이 세워지면서 기존 고전역학으로 해결하지 못했던 문제들이 조금씩 실마리가 보이기 시작했습니다.

  양자역학을 이해해보려고 할 때 특히 어렵게 느껴지는 지점은 '불연속성discreteness'과 '불확정성uncertainty'이라는 특징입니다. 우선 물질이 불연속적이라는 개념을 이해하기 위해 동영상을 예로 들어보겠습니다. 동영상은 실제로는 초 단위 이미지 프레임이 아주 빠르게 지나가는 형태이지만 우리 눈에는 연속적으로 이어져 보입니다. 우리 눈이 사진이 바뀌는 짧은 시간의 변화를 구분할 만

큰 시간적 해상도가 높지 않기 때문이지요. 공간적 해상도도 마찬가지로, 우리는 어떤 물체를 충분히 잘게 나눠서 볼 수 없기 때문에 일상생활의 물체를 모두 연속적인 것으로 봅니다. 하지만 해변이 수많은 모래 알갱이로 이루어져 있듯이 이 세상은 눈으로 보이지 않는 불연속적인 수많은 입자들로 이루어져 있습니다.

양자, 곧 quantum이란 라틴어로 '양이 얼만큼인가'를 뜻하는 quantus에서 유래한 말로, 어떤 것이 띄엄띄엄 떨어진 양으로 존재하는 것을 가리킵니다. 역학은 힘을 받은 물체가 어떻게 운동하는지를 밝혀내는 학문이죠. 따라서 양자역학이란 띄엄띄엄 떨어진 양을 갖는 존재가 힘을 받아서 어떻게 운동을 하는지 밝히는 학문입니다. 이름에서부터 불연속성을 함축하고 있는 것이지요.

양자역학의 또 다른 특징인 불확정성은 말 그대로 입자의 존재를 확정적으로 단정 지을 수 없다는 뜻입니다. 보통 '존재'의 경우의 수는 '있다'와 '없다'로 나뉩니다. 그러나 양자는 매 순간 특정 시공간에 존재한다는 사실을 확신할 수 없습니다. 입자가 특정 시공간에 존재한다는 사실을 인지한 순간(또는 관측한 순간)이란 확률적으로 존재하던 입자가 나타난 순간을 의미할 뿐이니까요. 양자역학에 따르면 불연속성과 불확정성을 가진 입자들은 상호작용이 일어나는 순간에만 존재합니다. 다만 세상은 매 순간 셀 수 없을 정도로 많은 입자가 상호작용하고 있기 때문에 우리가 살아가는 세계를 만지고 느낄 수 있는 것이지요.

불연속성 개념은 고전역학의 한계였던 흑체복사를 설명하는 과정에서 탄생했습니다. 독일의 물리학자 막스 플랑크는 에너지를 주고받는 입자가 양자화되어 있다는 개념, 곧 에너지가 불연속적이라는 개념을 도입했습니다. 만약 에너지가 불연속적이라면 가장 작은 에너지 덩어리가 10이라고 할 때, 물체가 가질 수 있는 에너지는 에너지 덩어리의 정수배인 10, 20, 30…… 등으로만 존재하며 그 사이의 에너지값은 존재하지 않을 것입니다.

고전물리학에서는 파장이 짧을수록 에너지가 큽니다. 이런 개념에서는 파장이 0에 가까워지면 에너지가 무한대로 증가해야 하는데 실제로는 그렇지 않기 때문에 자외선 파탄이란 말까지 생겨났죠. 그런데 플랑크의 관점에서는 에너지가 플랑크 상수라는 특정한 상수와 진동수의 곱인 정수배로 존재합니다. 이 관점을 바탕으로 기존 법칙을 수학적으로 서술하면 자외선 파탄까지도 설명할 수 있었죠. 하지만 플랑크도 계산상의 편의를 위해 양자 개념을 가정했을 뿐 실제로 그렇게 불연속적인 에너지만 방출될 것이라고 생각하지는 않았습니다.[3]

플랑크의 양자 개념은 뜻밖에도 아인슈타인이 빛의 입자성을 설명한 '광양자light quantum'의 발견으로 이어졌습니다. 아인슈타인은 상대성이론을 정립한 것으로 잘 알려져 있지만 그에게 노벨상을 안긴 연구 주제는 빛의 독특한 성질을 다룬 '광전 효과photoelectric effect'였습니다. 광전 효과란 금속과 같은 물질이 특정 파장 이하의 빛을 받을 때 전류가 흐르는 현상을 말합니다.

아인슈타인 이전에도 광전 효과가 특정 한계 파장threshold wavelength 값 이하의 빛에서만 발생한다는 사실은 알려져 있었습니다. 빛의 파장과 진동수는 서로 반비례하기 때문에, 다시 말해 한계 진동수threshold frequency 이상의 빛만 광전 효과를 일으킬 수 있습니다. 만약 빛의 진동수가 이 한계 진동수보다 크지 않으면 빛의 세기가 아무리 강해도 광전 효과는 일어나지 않습니다. 전자가 금속에서 빠져나오려면 외부 에너지를 받아야 하는데, 특정 진동수 이상의 빛만 에너지를 제공할 수 있기 때문이죠.

문제는 빛을 파동으로 보는 관점으로는 광전 효과를 이론적으로 설명할 수 없다는 점이었습니다. 빛이 파동이라면 빛을 오랫동안 가해 파장을 중첩시켜 충분한 에너지를 제공하거나 큰 세기의 빛을 가했을 때 광전 효과가 일어나야 합니다. 그러나 특정 파장의 빛을 오래 가하거나 빛의 세기를 증가시켜도 광전 효과는 일어나지 않았습니다. 반면 특정 파장 이하의 빛에서는 즉각적으로 광전 효과가 나타났지요. 더 이상한 것은 전자가 방출되어 전류가 흐르기 시작하면 생성된 그 전류의 세기는 빛의 세기가 클수록 증가했다는 사실입니다.

이러한 광전 효과를 설명하기 위해서는 빛이 입자라는 개념이 필요했습니다. '빛 광光'자와 양자가 합쳐진 '광양자설'이 등장한 것이죠. 광양자설에서는 광전 효과에서 발생하는 전류를 이렇게 해석합니다. 외부에서 가해준 빛, 곧 광양자가 물체 표면의 전자에 에너지를 전달해주면 전자가 움직이고 이로 인해 전류가 발생합니다. 이때 특정 파장 이하의 빛에서만 광전 효과가 나타나는 이유는 바로 광양자의 에너지와 관련 있습니다. 아무리 많은 광양자가 표면의 전자와 충돌한다 해도 특정 에너지 이상의 값을 갖는 양자가 아니면 전자를 움직일 수 없습니다. 마치 손으로 아무리 때려도 금조차 가지 않던 콘크리트 벽이 단단한 망치로 한 번만 가격하자 부서지는 것처럼 말이지요.

아인슈타인의 광양자설이 등장하기 전까지 대다수의 과학자는 빛이 파동이라고 생각했습니다. 19세기 초, 토머스 영Thomas Young(1773년~1829년)의 이중슬릿 실험이 대표적인 예입니다. 그는 2개의 작은 틈, 곧 슬릿slit이 있는 판을 수직으로 세우고, 양쪽 슬릿 각각에 빛을 연속해서 통과시키면서 판 너머 스크린에 비친 빛의 거동을 확인했습니다. 만약 빛이 입자성만 갖고 있다면 판의 막힌 부분에 가로막히고 슬릿만 통과할 테니 빛은 두 줄만 나타나야 했습니다. 하지만 실제로는 빛이 무수한 갈래로 퍼지는 현상이 발생했습니다. 빛이 파동성을 가진다는 증거였지요.

아인슈타인의 광양자설은 빛이 입자성을 갖는다는 사실을 보여줍니다. 그렇다면 고전물리학에서 관측되었던 빛의 파동성은 잘못된 측정 결과였을까요? 그렇지 않습니다. 광전 효과에서도 일단 전류가 흐르기 시작하면 빛과 전류의 세기가 비례하는데 이는 빛의 파동성을 분명히 보여줍니다. 또한 맥스웰의 전자기학에 따르면 빛은 분명히 전자기파, 곧 파동으로 계산할 수 있습니다. 그렇다면 빛이 경우에 따라 입자와 파동 모두 될 수 있다는 것일까요?

그뿐 아니라 전자를 이용한 실험에서는 전자의 이중성이라는 독특한 현상이 나타났습니다. 핵심은 전자와 빛을 이루는 광자의 차이점에서 기인합니다. 질량을 갖지 않는 광자와 달리 전자는 질량을 갖기 때문에 감지기를 통해 각 전자의 위치를 정확하게 파악할 수 있습니다. 또한 전자를 쏘는 기계의 에너지를 조절해 전자를 하나씩 발사할 수도 있지요. 이를 통해 광자와 달리 전자는 개별 거동이 어떠한지를 알 수 있습니다. 전자를 이용한 이중슬릿 실험에서는 전자를 하나씩 슬릿을 향해 발사했을 때 분명히 스크린에 전자 하나의 흔적만 나타났습니다. 전자가 입자성을 갖는다는 근거이지요. 그런데 시간이 지나 점차 많은 전자가 스크린에 도달하자 전자 분포가 간섭 패턴을 그렸습니다. 이는 전자가 파동성을 갖는다는 뜻이기도 합니다. 더욱 이상한 것은 전자의 개별 거동을 확인하기 위해 감지기를 들이밀면 스크린에 간섭 패턴이 나타나지 않는다는 사실이었습니다. 전자가 의지를 갖고 상황마다 성질을 바꾸기라도 한 것일까요? 이런 현상을 과학적으로 설명하기 위해서는 고전역학을 넘어서는 상상력이 필요했습니다.

불연속성과 불확정성

물질이 입자성과 파동성을 동시에 갖는다는 개념과 불연속적 양자 개념은 고전역학의 원자구조 개념을 넘어섰습니다. 앞서 살펴봤듯이 당시 표준 모형이었던 러더퍼드 원자 모형에서는 2가지 한계가 있습니다. 첫째, 이 모형에 따르면 전자가 원자핵 주위를 공전하는 과정에서 에너지를 점차 잃어버리며 붕괴해야 하는데 실제로는 많은 원자가 안정된 구조를 유지합니다. 둘째, 이 모형에 따르면 전자의 공전주기가 점점 빨라져 '연속적인' 전자기파를 방출해야 하는데 19세기에도 원자는 '불연속적인' 전자기파를 방출한다는 사실이 이미 밝혀져 있었죠. 이에 덴마크 물리학자 닐스 보어는 플랑크와 아인슈타인이 제시한 불연속적인 양자 개념을 원자구조에 접목시켰습니다. 원자 내 전자 궤도가 양자화되어 있다, 다시 말해 전자가 특정한 에너지값을 갖는 궤도에만 존재할 수 있다는 것이었지요. 이렇게 특정한 궤도에만 존재하는 전자는 안정된 상태로 궤도를 회전하면서 에너지를 쉽게 잃거나 붕괴하지 않습니다. 또한 전자의 에너지값이 바뀌려면 에너지가 더 높거나 낮은 궤도로 건너뛰어야 하고, 이 과정에서 비로소 에너지가 방출되면서 빛이나 열의 형태로 나타납니다.

그렇지만 보어는 왜 전자가 특정 궤도에만 존재해야 하는지, 어떻게 전자가 한 궤도에서 다른 궤도로 도약하는지 그 이유를 설명하지 못했습니다. 당시까지 지배적이었던 고전물리학에 따르면 에너지는 연속적으로 변해야 했으니까요. 보어는 출발점과 도착점은 설명해도 그 사이 과정은 설명하지 못했던 것입니다. 게다가 수소를 제외한 다른 원소가 방출하는 빛의 스펙트럼에는 보어의 원자 모형을 적용할 수 없었습니다. 그럼에도 1913년에 발표한 보어의 원자 모형은 고전역학에 양자역학의 핵심 가설을 도입하며 물리학의 전환 과정을 잘 보여주었습니다.

양자역학에서는 고전역학과 전혀 다른 방법으로 원자구조를 설명합니다. 앞서 설명했듯이 양자역학의 기본 가정은 불연속성과 불확정성입니다. 불확정성이란 원자와 전자가 항상 존재하는 게 아니라 관측할 때에만 존재한다는 관점입니다. 그것도 확률적으로 말입니다.

베르너 하이젠베르크가 제시한 불확정성 원리는 2가지 물리량, 곧 물체의 위치와 운동량을 동시에 정확하게 측정하기 불가능하다는 것을 수식을 통해 보여줍니다. 거시세계에서는 불확정성 원리가 작용하지 않는 것처럼 보입니다. 예를 들어 튀어오르는 농구공의 위치와 속도를 통해 운동량을 쉽게 계산해낼 수 있죠. 하지만 미시세계에서는 근본적으로 입자의 위치가 정확하게 정해져 있지 않습니다. 따라서 입자의 위치를 정확하게 측정할수록 운동량이 부정확해지고, 반대로 운동량을 정확하게 측정할수록 위치가 부정확해집니다. 실험 기기의 정확도를 높인다고 해도 불확정성 원리를 피할 수는 없습니다. 우리 우주의 근원적인 원리이자 한계이기 때문입니다.

그런데 양자역학의 불확정성에도 불구하고 일상 세계에서 물체는 분명히 존재합니다. 그렇다면 양자역학에서 입자가 존재한다는 개념은 어떻게 정의될까요? 오스트리아 물리학자인 에르빈 슈뢰딩거는 입자의 존재를 확률 개념으로 제안했습니다. 그는 '슈뢰딩거 방정식Schrödinger equation'과 사고실험인 '슈뢰딩거의 고양이

불연속성

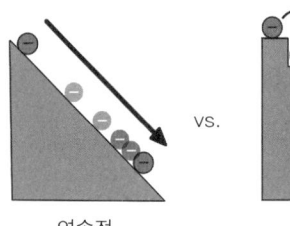
VS.
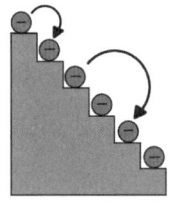

연속적   불연속적

불확정성

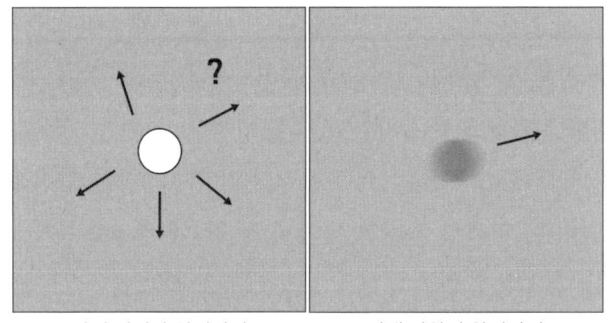

현재 위치가 확실하면　　　　미래 방향이 확실하면
미래 방향이 불확실함　　　　현재 위치가 불확실함

⑱ 양자역학의 불연속성과 불확정성

Schrödinger's cat'로도 잘 알려져 있지요.

　'슈뢰딩거의 고양이'는 슈뢰딩거가 양자역학의 불완전함을 보여주기 위해 고안한 실험이지만 역설적으로 양자역학의 독특한 성질을 직관적으로 이해하는 데에도 도움을 줍니다. 이 실험에서는 안을 볼 수 없는 상자에 고양이 한 마리와 방사성 물질인 라듐이 놓여 있다고 가정합니다. 만약 상자 안에서 라듐이 붕괴되며 강력한 방사선이 발생할 확률이 50퍼센트라면 고양이가 방사선으로 죽을 확률 역시 50퍼센트입니다. "고양이는 어떤 상태일까?"라는 질문에 일반적으로는 살았거나 죽었거나 둘 중 하나라고 답할 겁니다. 동전을 던져 앞면과 뒷면이 결정되듯이 말입니다. 하지만 양자역학적 관점에서 고양이는 직접 상자를 열고 확인하기 전까지 살아 있는 것도 아니고 죽어 있는 것도 아닌 상태입니다. '상자를 열어 외부에서 관측하는 순간, 고양이의 상태가 정해진다'가 양자역학의 접근 방식이니까요.

슈뢰딩거는 1926년, 양자역학에서 가장 중요한 수식인 '슈뢰딩거 방정식'을 발표함으로써 양자역학의 체계를 완성했다고 평가받습니다. 이 방정식에서는 드브로이의 물질파 matter wave 개념을 이용해 물질의 존재를 양자역학적으로 서술합니다. 불연속성과 불확정성을 갖는 입자가 존재할 확률은 '파동함수 wave function'라는 물리량을 통해 얻습니다. 파동함수는 독특하게도 관측하기 전에는 실체를 갖지 않지만 관측하는 순간 실체를 갖습니다. 외부에서 특정 입자를 관측할 때 비로소 파동함수의 값이 결정되면서 입자가 특정 위치에 존재하게 된다는 것이지요. 다시 말해 파동함수의 관점에서 슈뢰딩거의 고양이를 보면 직접 상자를 열어 관측하기 전까지는 파동함수가 결정되어 있지 않았다가 외부에서 관측하는 순간 함수값이 결정되어 생사 역시 판가름 납니다.

구체적으로 양자역학에서 파동함수는 특정 위치에 입자가 존재한다는 사실을 나타내는 것이 아니라 그 공간에 입자가 존재할 확률을 나타냅니다. 곧 파동함수는 공간에서 입자가 존재할 확률 진폭을 나타내며, 이 확률 진폭의 제곱이 그 지점에서 입자가 발견될 확률을 나타냅니다. 실제로는 한 입자가 여러 개의 파동함수가 중첩된 상태로 있다가 관측되는 순간 파동함수가 붕괴되며 특정 상태나 위치가 정해집니다. 수많은 입자가 매 순간 이런 방식으로 파동함수가 정해지면서 물질이 존재하는 것처럼 보이게 되는 것이죠.

다시 이중 슬릿 실험으로 돌아가 이를 양자역학적 관점으로 살펴봅시다. 입자가 두 슬릿을 통과할 때의 파동함수는 입자가 파동성을 갖는다는 것을 보여줍니다. 그 결과 파동의 간섭무늬가 나타나게 되지요. 하지만 관측을 통해 입자가 어느 슬릿을 통과했는지 알게 되면 파동함수의 중첩이 붕괴되면서 입자의 파동성이 사라지게 됩니다. 이렇게 입자가 파동성과 입자성을 모두 갖고 있지만 두 성질이 상호 배타적이라는 사실, 곧 같은 상황에서 파동성과 입자성을 동시에 관찰할 수 없다는 결론을 얻게 됩니다. 양자역학에서는 이를 상보성 원리 complementarity principle 라고 부릅니다.

양자역학적 관점으로 원자구조를 살펴보면 고전적인 '쪼갤 수 없는 입자'의 정의와 전혀 달라 보입니다. 원자핵을 중심으로 전자가 존재할 수 있는 궤도가 정해져 있고(전자 궤도의 불연속성) 궤도 중 어딘가에 전자가 확률적으로 존재하지만 그 위치를 정확히 파악할 수는 없습니다(전자의 불확정성). 더 이상 쪼갤 수 없는 입자를 파악하기 위해 원자구조를 탐구하기 시작했던 과학자들이 이제는 입자가 확률적으로 존재한다는 개념까지 도입했습니다. 이런 변천사를 따라가다 보면 '존재한다는 것은 무엇인가?'라는 철학적 질문까지 과학이 아우르게 되는 것 같습니다.

일단 그런 것으로 해두자

20세기 초 과학 역사상 가장 뛰어난 지식인들이 한자리에 모인 사건이 있었습니다. 바로 제5차 솔베이 회의Solvay Conference로, '전자와 광자'를 주제로 개최되었지요. 특히 이 회의에서는 닐스 보어와 아인슈타인 사이에서 '코펜하겐 해석Copenhagen interpretation'을 둘러싼 논쟁이 벌어졌습니다.

당시 물리학계에 불확정성, 불연속성, 파동함수 등의 개념은 이미 알려져 있었습니다. 이러한 양자역학적 개념들을 어떻게 이해할 것인가를 두고 오늘날까지도 여러 가지 해석이 존재하는데, 그중에서 가장 주류적 해석으로 받아들여지는 것이 바로 코펜하겐 해석입니다. 코펜하겐 해석의 강력한 주창자가 바로 당시 막강한 영향력을 발휘하며 코펜하겐대학교에서 연구활동을 이어가던 닐스 보어이지요.

코펜하겐 해석에서는 입자는 여러 가지 상태가 중첩되어 존재하다가 측정이 이루어지는 순간 파동함수가 붕괴하며 입자의 상태가 결정되며, 측정하지 않을 때 입자에 관해 질문하는 것은 의미가 없다는 관점을 제시합니다. 하지만 이 해석 역시 명확하게 증명된 바는 없지요.

무엇보다 코펜하겐 해석은 왜 관측하는 순간에 (파동함수가 붕괴되며) 입자가 존재하게 되는지에 관해서는 설명하지 못했습니다. 아직은 그 이유를 알 길이 없으니 일단 그런 것으로 해두자는 게 코펜하겐 해석의 입장이었죠. 어떻게 보면 해석을 내놓기보다는 유보하는 입장에 가까웠습니다. 아인슈타인이 "신은 주사위 놀이를 하지 않는다"라고 말하자 보어는 "신에게 참견하지 말라"라고 답했는데 이는 코펜하겐 해석의 입장을 함축해줍니다.

결국 코펜하겐 해석을 통해 우리는 '인간이 자연에 관해 실제로 이야기할 수 있는 것은 무엇인가?'라는 본질적인 물음을 마주하게 됩니다. 양자역학에서 모든 관측 결과가 관측 행위에 영향을 받는다면 우리는 입자의 원래 정보를 얻을 방법이 없을 테니까요. 자세하게 파고들수록 오히려 정확하게 알 수 없고 '원래의 자연은 무엇인가?'라는 근본적인 질문에 대답할 수 없는 한계에 도달하는 겁니다. 보어는 이러한 양자역학적 자연에 관해 "있는 그대로의 자연이 아닌, 우리 방식대로 문제를 제기한 자연"이란 말을 남겼습니다. 인간이 감각기관으로 자연을 자의적으로 받아들이고 해석하는 것처럼 모든 자연현상을 관찰하는 데에는 한계가 있다는 뜻입니다. 이전까지 철학적 개념이었던 불확정성이 과학을 통해 자연의 근본적인 성질로 받아들여지게 되었다고도 할 수 있겠네요.

3장

시공간이 휘어지다

아인슈타인의 이론과 거시세계 물리학

좀더 골치 아프게 시간여행 하는 법

상대성이론이라는 용어는 많은 문학작품에서 시간여행 등의 소재로 자주 쓰이기 때문에 많은 사람에게 익숙할 것입니다. 사실 상대성이론이 무엇인지 몰라도 작품들을 즐기기에는 크게 문제가 없습니다. 다만 이론을 알면 조금 더 생각해보며 (또는 골치가 아픈 상태로) 작품을 이해할 수 있지요.

뉴턴이 고전역학을 완성했다면 아인슈타인은 상대성이론을 통해 현대물리학의 한 축을 완성했습니다. 아직까지도 상대성이론을 뒤엎는 새로운 이론이 등장하지 않았다는 점에서 우리는 여전히 아인슈타인의 시대에 살고 있다고 해도 무방하지요.

아인슈타인의 '상대성이론'은 특수상대성이론special theory of relativity과 일반상대성이론theory of general relativity으로 나뉩니다. 둘 중 특수한 상황에서 시공간의 변화를 다룬 '특수상대성이론'이 먼저 등장했고, 이 개념을 확장한 '일반상대성이론'이 그 후에 등장했습니다. 특수상대성이론의 핵심은 시간의 흐름이 절대적이지 않으며 시공간이 변할 수 있는 존재라는 것입니다. 뉴턴은《프린키피아》에서 "절대적이고 진실하며 수학적인 시간은 외부의 어떤 것에도 상관없이 균일하게 흐른다"라고 했습니다. 고전역학에서의 시간에 관한 접근 방식을 잘 보여주지요. 그러나 수많은 실험에서 뉴턴의 설명과 다른 결과가 도출됩니다. 예를 들어 정지한 사람에게 흐르는 시간의 속도와 매우 빠르게 움직이는 사람에게 흐르는 시간의 속도가 서로 다르게 됩니다.

시간뿐 아니라 공간이 변한다는 사실을 일상생활에서 쉽게 느낄 순 없지만 아인슈타인 이후 많은 학자가 상대성이론이 실제 우리 우주에서 광범위하게 적용된다는 것을 밝혔습니다. 이런 시공간 변화는 질량이 행성이나 은하 수준으로 크거나 속도가 빛에 가까운 상황에서나 관측할 수 있지만요. 원자보다 작은 세계의 물리학인 양자역학과 마찬가지로 행성보다 거대한 세계의 물리학인 상대성이론을 직관적으로 이해하기는 어렵습니다.

빛의 속도는 일정하다: 특수상대성이론

고전역학에서도 상대성에 대한 개념은 있었습니다. '지구가 엄청난 속도로 자전하고 있는데 왜 지구에 있는 사람은 이를 느끼지 못하는가'라는 질문에 답하기 위해 등장했죠. 갈릴레이는 '운동은 운동을 하지 않는 물체에 대해서 상대적으로 나타나는 것이며 운동을 같이 하고 있는 물체에 대해서는 나타나지 않는다'라고 주장했습니다. 따라서 지구 위에 서 있는 우리는 지구의 움직임을 느낄 수 없지만 지구 밖에 있는 인공위성에서는 지구 자전을 볼 수 있지요.

그런데 19세기에 빛을 연구하는 과정에서 시공간의 절대성이 현실과 맞지 않는 부분이 점차 드러나기 시작했습니다. 무엇보다 빛의 속도를 설명하는 과정에서 빛이 일반 물체와 전혀 다르게 거동한다는 사실이 밝혀졌습니다. 빛의 이중성이 밝혀지기 전에는 빛은 파동이며 빛이 전달되려면 다른 물질들처럼 매질이 필요하다고 생각했습니다. 물결파는 물이, 소리는 공기가 매질로 존재해야 전달되듯이 빛이 파동이라고 가정할 때 우주 공간에서 빛이 전달되려면 매질이 있어야 합니다. 과학자들은 이 우주 공간을 가득 채우고 있는 물질로 '에테르'를 꼽았습니다. 에테르는 먼 옛날 아리스토텔레스가 지상과 천상의 운동을 구분하면서 천상 세계에서 물체의 영원한 운동을 가능하게 하는 요인으로 언급했던 물질이지요.

그런데 1887년에 시행된 한 실험을 통해 빛이 에테르와 무관하다는 사실이 밝혀졌습니다. 사실 처음에 앨버트 에이브러햄 마이컬슨Albert Abraham Michelson(1852년~1931년)과 에드워드 윌리엄스 몰리Edward Williams Morley(1838년~1923년)는 이른바 마이컬슨-몰리 실험을 통해 에테르의 존재를 증명하고자 했습니다. 당시 과학자들의 믿음대로 우주가 에테르로 채워져 있고, 지구가 에테르의 바다를 헤엄치고 있다면 에테르의 흐름 때문에 빛은 방향에 따라 속도가 달라져야 합니다. 그래서 마이컬슨과 몰리는 태양의 빛이 지구 궤도에 평행하게 입사할 때와 90도로 입사할 때 빛이 이동하는

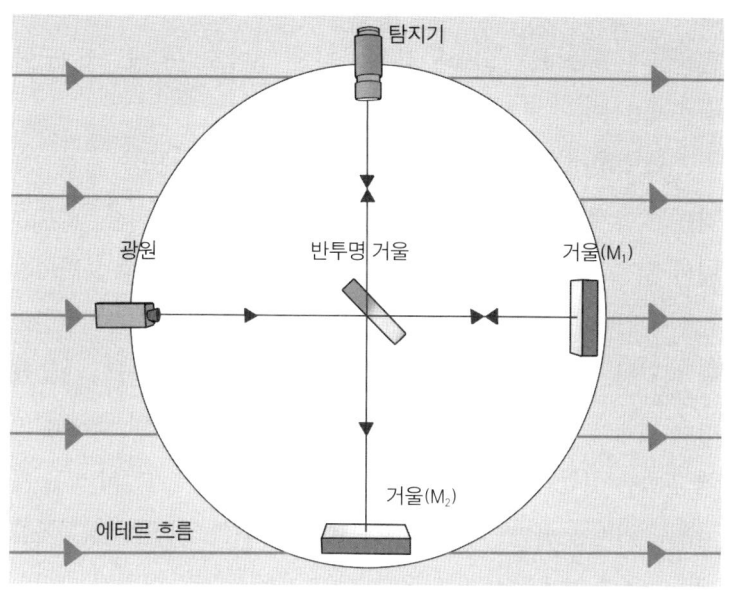

⑲ 마이컬슨-몰리 실험 구성도

광원에서 나온 빛이 반투명 거울에 따라 일부는 에테르 흐름과 수평 방향으로 이동하지만(M_1)
일부는 에테르 흐름과 수직 방향으로 이동하여(M_2) 탐지기에 도달한다.
이를 통해 에테르 방향별 빛의 속도 차이를 구하고자 했다.

속도의 차이를 측정하려고 했습니다.

그러나 실제로 빛의 속도는 방향에 상관없이 모든 방향에서 같았습니다. 다시 말해 빛이 에테르를 거슬러 이동하든 같은 방향으로 이동하든 속도가 달라지지 않았죠. 이는 빛의 진행 속도가 지구나 에테르에 영향을 받지 않는다는 점을 보여주었습니다. 이에 관한 가장 타당한 설명은 빛의 진행에 매질이 필요하지 않다는 것이었습니다. 에테르의 존재를 증명하고자 했던 실험에서 에테르가 존재하지 않는다는 정반대 결론이 나온 것이죠. '에테르' 개념이 반증되기까지 수천 년의 시간이 걸린 셈입니다.

특수상대성이론은 1905년 12월 26일, 아인슈타인의 논문 〈움직이는 물체의 전기동역학에 관하여 Zur Elektrodynamik bewegter Körper〉에서 처음 등장했습니다. 논문에는 상대성원리와 광속 불변이라는 2가지 개념이 담겨 있습니다. 아인슈타인이 제시한 상대성원리에 따르면 시간과 공간은 절대적 존재가 아니라 관측자의 속도에 따라 변하는 상대적 존재입니다. 아인슈타인은 청소년 때부터 빛에 관한 사고실험을 하면서 '만약 빛의 속도로 달려가면서 빛을 바라보면 어떻게 될까?'라는 문제를 고민했습니다. 빛 대신 자동차를 대입해보면 쉽게 결론이 나옵니다. 달리는 자동차 안에서 나란히 같은 속도로 달리는 다른 자동차를 보면 멈춰 있는 것처럼 보입니다. 그렇다면 자동차가 빛과 같은 속도로 나란히 달린다면 같이 달리고 있는 빛이 멈춰 있는 것으로 보일까요?

직관적으로 이해하기 쉽지 않지만 답은 '아니오'입니다. 광속 불변의 원리에 따르면 광원과 관측자가 어떤 상대적인 운동을 하든 빛의 속도는 변하지 않기 때문입니다. 따라서 빛의 속도로 달리는 자동차 안에서든 가만히 서서든 관측자의 눈에 보이는 빛의 속도는 같습니다. 마이컬슨-몰리 실험에서 빛의 진행 속도가 지구의 움직임에 영향을 받지 않는다는 사실이 대표적인 증거입니다.

특수상대성이론의 또 다른 가정인 '상대성원리'는 모든 관성

좌표계에서 물리법칙이 같다는 것을 뜻합니다. 당연한 사실처럼 보이지만 광속 불변의 원리를 도입하지 않으면 성립하지 않는 원리입니다. 예를 들어 2가지 상황을 살펴봅시다. 우선 달리는 자동차에서 누군가 앞으로 공을 던질 때, 자동차 밖에 있는 관측자가 본 공의 속도는 자동차의 속도와 공을 던진 속도가 합쳐진 속도와 같습니다. 그렇다면 달리는 자동차 안에서 앞으로 레이저를 쏘면 빛의 속도는 어떻게 보일까요? 직관적으로 생각하면 외부 관측자가 바라보는 빛의 속도는 원래보다 더 빨라야 합니다. 자동차의 속도에 빛의 속도가 더해질 테니까요. 그러나 두 관성좌표계(자동차와 외부 관측자)에서 빛의 속도는 변하지 않습니다.

　이때 빛의 속도가 변하지 않는 사실로부터 시간이나 공간이 변하는 기묘한 현상이 나타납니다. 시간이 느려지거나 공간이 수축되는 것이지요. 움직이는 우주선 안에서 거울을 향해 레이저 빛을 쏘는 상황을 상상해봅시다. 우주선 내부에서는 우주선이 움직이든 멈춰 있든 레이저가 똑바로 움직이겠지요. 반면 외부에서 움직이는 우주선을 관측한다면 빛은 수직으로 움직이는 게 아니라 우주선의 이동 방향을 따라 대각선으로 이동하는 것으로 보일 겁니다. 피타고라스의 원리에 따라 빛의 이동 거리가 더 길어지는 것이지요. 하지만 광속은 변하지 않으므로 더 먼 거리를 이동하기 위해서 시간이 길어지기 시작합니다. 일반적으로는 속도가 빨라져야 하는 상황임에도 말이지요.

　광속 불변의 원리를 통해 또 한 가지 흥미로운 상상을 하게 됩니다. 빛과 유사한 속도에 도달할 수 있는 로켓이 있다고 가정해봅시다. 엔진이 더 많은 연료를 소모해 많은 에너지를 쓸수록 로켓의 속도는 점점 빨라지겠지요. 그런데 어느 순간 빛의 속도에 도달하면 더 이상 속도는 빨라질 수 없습니다. 빛의 속도를 초월할 수 없고 에너지가 운동에너지로 바뀔 수도 없는 특수한 상황에서 이 엔진의 에너지는 어디로 가게 될까요?

상대성이론에 따르면 이 경우 로켓의 질량이 증가합니다. 빛의 속도에 가까워질수록 운동에너지가 전환되면서 상대론적 질량이 증가하지요. 따라서 에너지(E)와 빛의 속도(c), 물질의 질량(m)을 서로 연관된 하나의 식으로 표현할 수 있다는 결론에 도달합니다. 바로 그 유명한 '$E=mc^2$'입니다. 물질의 질량과 에너지는 한 존재의 다른 표현일 뿐이며 에너지가 질량으로, 질량이 에너지로 바뀔 수 있습니다. 이렇게 질량 보존의 법칙과 에너지 보존의 법칙이 하나로 통합됩니다.

그런데 빛의 속도는 어마어마하게 큰 값(초속 약 30만 킬로미터)이고 질량이 이렇게 큰 에너지로 변환될 수 있음에도 불구하고 그전까지는 왜 이 사실을 몰랐을까요? 이런 에너지 변환이 원자 자체의 에너지가 방출되는 특수한 상황에서만 관측되기 때문입니다. 일상생활에서는 원자가 쪼개지지 않고 대신 다른 분자로 변하면서 에너지 변화가 작습니다. 하지만 마리 퀴리가 발견한 방사성 원소의 경우는 원자핵이 쪼개지는 사례를 잘 보여줍니다. 라듐 같은 몇몇 방사성 원소는 스스로 붕괴하면서 질량이 감소함에 따라 엄청난 양의 에너지를 방출합니다.

시공간을 휘게 하는 힘: 일반상대성이론

질량이란 물질을 이루는 고유한 양입니다. 또한 고전역학에서 질량은 2가지 식에 등장합니다. 하나는 관성질량inertial mass으로, 아래에서 보듯이 뉴턴의 제2법칙에서 관성질량(m)은 물체에 가해진 힘(F)과 가속도(a)의 영향을 받습니다.

$$F=ma$$

또 다른 하나는 중력질량으로, 앞에서도 살펴봤던 만유인력의 법칙에서 m_1, m_2에 해당하는 중력질량은 물체가 다른 물체에 의해 끌리는 힘을 보여줍니다.

$$F=G\frac{m_1 m_2}{r^2}$$

어떤 물체가 특정한 가속도를 얻기 위해 필요한 힘으로 측정되는 질량을 '관성질량'이라고 합니다. 반면 몸무게를 재듯이 지구가 물체를 얼마나 큰 힘으로 당기는지 측정해 물체의 질량을 잴 때는 '중력질량gravitational mass'이라고 합니다. 이 두 질량은 서로 동일해 보입니다. 질량이 큰 물체에는 큰 만유인력이 작용하고 마찬가지로 질량이 큰 물체를 움직이려면(물체가 가속도를 얻으려면) 더 많은 힘이 필요하니까요. 실제로 먼 옛날 갈릴레이는 낙하 실험을 통해 무거운 물체와 가벼운 물체가 똑같은 속도로 떨어진다는 사실을 발견하며 관성질량과 중력질량이 같음을 입증했습니다. 그러나 두 질량이 왜 같아야 하는지에 관한 원리는 알아내지 못했지요.

아인슈타인의 일반상대성이론은 관성질량과 중력질량이 왜 동일한지를 설명하는 '등가원리'에서 시작합니다. 가속도는 물체의 속도 변화를 나타내는 물리량인 반면, 중력은 질량을 가진 물체 사이에 작용하는 힘입니다. 이 두 물리량이 동일하지는 않지만 특정 상황에서는 동일한 효과를 나타냅니다. 예를 들어 우주선이 지구 중심과 반대 방향으로 일정한 가속도로 움직일 때 우주선 안에 있는 사람은 바닥으로 눌리는 힘을 느끼게 됩니다. 이 힘의 정체는 우주선의 가속 방향 반대로 나타나는 관성력입니다. 하지만 우주선 안에서 바닥으로 끌리는 느낌은 중력과 동일하지요. 결국 가속도에 의해 생기는 힘이 중력인지 가속에 의한 관성력인지 구분할 수 없습니다. 이처럼 가속도와 중력이 같은 역할을 한다는 것이 바로 등가원리입니다. 중력을 본질적으로 관성력으로 해석하자는 뜻이기도 하지요. 실제로 중력질량과 관성질량은 언제나 같습니다. 100조 분의 1의 정밀도에서도 등가원리는 깨지지 않습니다. 가속도와 중력이 변환 가능하다는 것은 일반상대성이론이 중력을 가속도와 같은 방식으로 이해하는 이론이라는 뜻이기도 합니다. 또한

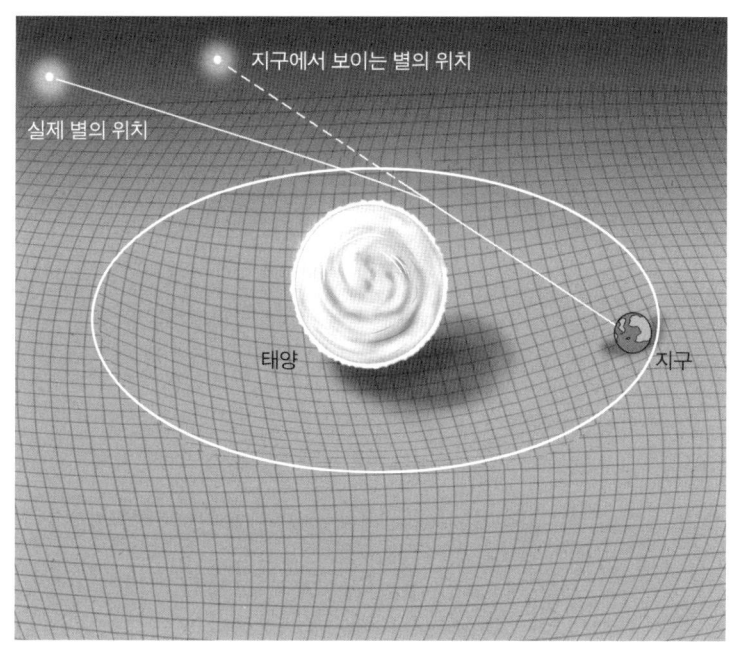

⑳ 일반상대성이론과 중력렌즈효과
공간의 휘어지므로 지구에서 보이는 별의 위치가 왜곡된다.

에너지 개념이 가속도와 중력으로 치환될 수 있다는 뜻이기도 하지요.

일반상대성이론의 증거 중 하나인 '중력렌즈효과gravitational lensing'란 렌즈가 빛의 진행 방향을 바꿔 빛을 모으거나 퍼뜨리듯이 질량이 아주 큰 물체가 공간을 휘게 만들어 빛의 경로가 달라지는 현상입니다. 중력렌즈효과는 태양빛이 약해지는 일식 기간에 우주를 관측하면서 실존하는 현상임이 밝혀졌습니다. 지구와 어떤 별을 잇는 직선 상에 태양이 존재한다면 지구에서 그 별이 보이지 않아야 합니다. 태양이 별빛을 가릴 테니까요. 하지만 태양처럼 질량이 큰 천체를 지날 때 마치 빛이 휘어지기라도 한 것처럼 원래는 보이지 않아야 했던 별이 직선 상에 있는 태양을 넘어서 보이게 됩니다.

특수상대성이론에서 아인슈타인은 '빛의 속도는 변하지 않는다'라는 광속 불변의 원리를 제안했습니다. 빛이 언제나 같은 속도를 갖는다는 것은 빛이 언제나 최단 거리를 따라 직선으로 이동한다는 뜻입니다. 따라서 빛이 휘어져 보인다면 빛이 이동하는 공간 자체가 왜곡되었기 때문입니다. 곧 중력렌즈효과는 빛이 지나가는 공간이 휘어지면서 빛의 진행 방향이 변한 결과였던 것입니다.

이는 뉴턴의 만유인력 법칙의 기본 원리와 완전히 다릅니다. 만유인력 법칙에서는 물체가 서로를 당기는 힘이 물체의 질량에 의해 발생한다고 가정합니다. 그러나 일반상대성이론에서는 물체의 질량이 시공간을 휘게 만들고 휘어진 정도에 따라 서로 다른 크기의 힘이 중력이라는 현상으로 나타납니다. 특수상대성이론을 설명하며 살펴봤던 예시(우주선에서 레이저를 쏘는 상황)에서 내부와 외부에서 보는 빛의 이동 거리가 달라진 것은 사실 공간이 팽창하면서 시간의 흐름이 느려지듯이 보인 결과입니다. 이렇듯 질량이 큰 물체 주위에서 공간이 휘어지는 현상이 시간의 변화를 유발합니다.

정리해보자면 특수상대성이론과 일반상대성이론은 공통적으로 시공간에 대한 이해를 근본적으로 바꾸었지만 그 적용 범위와 내용은 다릅니다. 특수상대성이론은 가속이 없는 특정한 운동 상태에만 적용되지만 일반상대성이론은 가속계와 중력장이 존재하는 포괄적인 상황에서의 운동을 설명해줍니다. 따라서 일반상대성이론은 특수상대성이론을 포함하는 더 일반화된 형태라고 할 수 있지요.

13억 광년을 건너온 파동

아인슈타인은 1915년에 중력이 시공간을 어떻게 변화시키는지 수학적으로 서술한 일반상대성이론을 제시했고, 1916년에는 실제로 시공간이 변화할 때 발생하는 파동인 '중력파gravitational waves'의 존재를 예측했습니다. 중력파는 어떤 물체가 운동하며 발생한 에너지가 공간을 진동시킨 결과입니다. 시공간이 출렁인 결과가 파동의 형태로 전달되는 현상이지요. 하지만 중력파는 아인슈타인 생전에는 실제로 검증되지 못했습니다. 인류가 측정할 수 있을 만한 중력파가 발생하려면 우주에서 아주 큰 질량을 가진 물체가 급격한 질량 변화(폭발, 충돌 등)를 겪으며 에너지 변화가 일어나야 합니다. 설령 그런 사건이 일어나더라도 세기가 너무 약해서 당시 기술로는 검출하기 어려웠습니다. 따라서 아인슈타인이 사망한 뒤 물리학자들 사이에서는 중력파 검출이 하나의 목표가 되었습니다.

 중력파라는 개념이 탄생하고 100년이 지난 2016년, 처음으로 그 존재가 입증되었습니다. 중력파를 검출하는 데 결정적인 기여를 한 과학자 라이너 바이스Rainer Weiss(1932년~), 배리 배리시Barry Barish(1936년~), 킵 손Kip Thorne(1940년~)은 2017년 노벨 물리학상을 수상했지요. 당시 중력파에 관한 대규모 국제연구팀에서는 매우 약한 중력파를 검출하기 위해 마이컬슨 간섭계 원리를 이용한 '레이저 간섭계를 이용한 중력파 관측 장치Laser Interferometer Gravitational-Wave Observatory' 곧 LIGO를 사용했습니다. 이 장치에서는 빛이 4킬로미터에 달하는 진공 통로를 통과합니다. 연구진은 4,000킬로미터 떨어진 두 장소(미국의 워싱턴주 핸포드와 루이지애나주 리빙스턴)에서 동시에 실험을 해서 파원 방향을 추정하고 가짜 신호를 걸러냈지요.

연구진이 2016년에 발견한 중력파는 지구에서 13억 광년 떨어진 곳에서 2개의 블랙홀이 합쳐져 새로운 블랙홀이 되면서 발생한 것이었습니다. 각각의 블랙홀은 태양 질량의 36배와 29배에 달했는데 이 두 블랙홀이 합쳐지면서 태양보다 62배 무거운 블랙홀이 탄생했습니다. 이 충돌에서 발생한 에너지가 태양 3개의 질량과 맞먹을 정도로 거대했기 때문에 13억 광년을 건너왔는데도 중력파가 측정된 것이죠. 일반적으로 두 블랙홀 사이의 거리가 가까워질수록 공전 반지름은 작아지고 속도는 점점 빨라집니다. 그러다가 충돌할 정도로 가까워진 뒤에는 하나로 합쳐지죠. 서로 가까워질수록 공전 시간이 짧아지면서 중력파의 주파수가 커지다가 결국 블랙홀이 합쳐지는 순간에는 더 이상 중력파가 생성되지 않습니다. 이러한 중력파를 검출한 것은 일반상대성이론에 따라 시공간이 일그러진다는 가정이 자연에 실존한다는 것을 보여주죠.

이제 과학자들은 중력파를 이용해 눈에 보이지 않는 우주 구조를 파악할 수 있게 되었습니다. 이전까지 빛과 전자기파를 이용해 우주를 '볼' 수 있었지만 중력파를 이용하면서 우주를 '들을' 수 있게 되었다고도 하지요. 특히 중력파는 물질과 거의 간섭하지 않는다는 특징이 있어서 아주 먼 거리를 이동한 신호에서도 특정 천체에 대한 정확한 정보를 얻을 수 있습니다. 예를 들어 까마득한 과거인 빅뱅 직후 우주의 정보를 담고 있는 신호를 분석할 수도 있겠죠.

아인슈타인이 사망한 지 약 70년이 지난 오늘날에도 물리학에서의 그의 위상은 절대적입니다. 무엇보다 일반상대성이론을 넘어서는 포괄적인 이론이 아직까지는 밝혀지지 않았지요. 현대물리학자들은 일반상대성이론과 양자역학을 통합해 하나의 이론 체계를 만드는 일을 시도하고 있습니다. 양자역학이 미시세계에서의 입자 거동을 다루고 상대성이론이 극단적인 거시세계에서의 물체 거동을 다루기 때문에 결코 쉬운 과제가 아닙니다.

그럼에도 과학에서는 새로운 이론이 등장할 가능성이 언제나 열려 있습니다. 아인슈타인이 잘 보여주었듯이 새로운 이론 체계(상대성이론)는 언제나 이전의 성공적인 체계(뉴턴의 만유인력 법칙)를 포괄하되 적용 범위를 넓히는 방식으로 나타났습니다. 상대성이론뿐 아니라 양자역학에서도 크게 다르지 않죠. 시간이 흐르며 기존 이론으로 설명할 수 없는 새로운 사례가 축적되고 이를 해결하려는 과학자들의 노력이 더해진다면 언젠가 새로운 과학이론이 등장해 패러다임을 바꿀 수 있을지도 모릅니다. 아직 먼 미래의 일이라 할지라도 말이지요.

4장

창조자의 자리를 넘보다

현대생물학의 발전

생물학의 아주 짧은 역사

벌써 지나간 과거가 된 코로나 바이러스 대유행은 일상생활에 지대한 영향을 끼쳤습니다. 이 시기 동안 거리두기, 체온 측정, PCR 검사, 백신 개발 등 인류가 바이러스에 대응하는 거의 모든 방법이 등장했습니다. 또한 생물학이 사회에 끼치는 다양한 영향을 살펴볼 기회가 되기도 했죠. 유전자 증폭을 이용하는 PCR 검사를 통해 감염 여부를 확인하고 세계 최초로 mRNA$_{\text{messenger RNA}}$ 백신을 상용화한 것처럼 말입니다.

그러나 생물학의 기본인 DNA$_{\text{deoxyribonucleic acid}}$, RNA$_{\text{ribonucleic acid}}$, 단백질$_{\text{protein}}$의 존재와 역할이 밝혀진 것은 20세기의 일입니다. 다윈의 진화론과 멘델의 유전법칙 이후 생물학은 독자적 영역을 발전시켰지만 여전히 규명해야 할 문제가 많았습니다. 동시대에 화학이 세상을 이루는 입자를 활발하게 설명하는 동안, 생물학은 기술적 한계 때문에 유전자의 정체를 규명하지 못하고 있었습니다. DNA, RNA, 단백질이 발견되고 분자생물학이라는 생물학의 한 분파가 등장한 뒤에야 진전이 있었죠.

분자생물학은 이름 그대로 분자 단위에서 생물학을 연구하는 학문입니다. 앞서 살펴봤듯이 각 원자는 전자를 공유해 분자를 형성하고 원소들 사이의 화학적 결합으로 수많은 물질을 만들어냅니다. 이런 결합법칙은 수십억 개 원자를 포함하는 복잡한 유기분자organic molecule나 단백질 같은 거대분자macromolecule 등을 다루는 생물학에도 적용됩니다.[4] 분자생물학에서의 새로운 발견은 결국 "유전자란 무엇인가?"에 대한 답을 제시하게 되었지요.

무엇이 우리를 살아 있게 하는가

인간이 아는 한, 드넓은 우주에서 다채로운 생명체가 존재하는 별은 아직 지구뿐입니다. 지구 생명체 거의 대부분은 호흡과 소화를 통해 에너지를 얻고 다양한 활동을 합니다. 더 자세하게 살펴보면 생명체를 이루는 기관, 조직, 세포가 매 순간 각자의 위치에서 생명을 유지시킵니다. 현대생물학에서는 살아 있는 세포를 생명의 기본단위로 보며 피부, 근육, 뼈 등의 모든 조직은 다양한 세포의 집합체일 뿐입니다. 그런데 사람의 세포는 맨눈으로는 볼 수 없을 만큼 작아서 현미경으로 봐야 그 구조를 알 수 있습니다.

세포의 생명 활동은 오늘날 '생물학의 중심원리central dogma'로 설명할 수 있습니다. 현대물리학에서 양자역학과 상대성이론이 핵심 이론이라면 현대생물학에서는 생물학의 중심원리가 핵심 이론

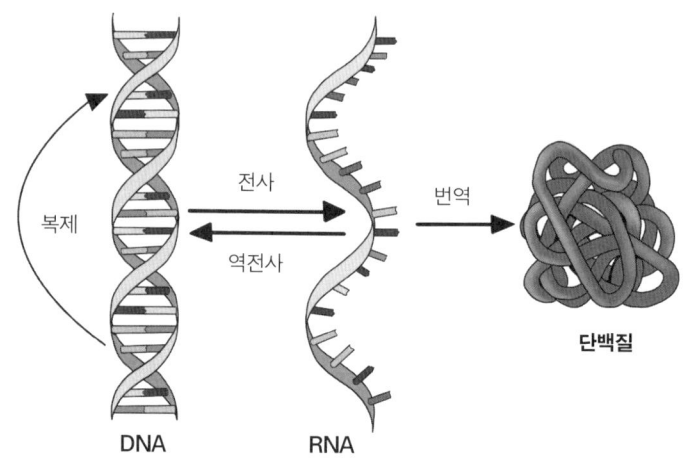

(21) 생물학의 중심원리
세포핵 내 DNA에서 유전정보를 받은 RNA가 단백질로 번역되어 기능하게 된다.

이지요. 이 원리는 생명체를 이루는 DNA, RNA, 단백질이 어떻게 생명체를 살아 있게 하는지 잘 보여줍니다. DNA는 생명체의 모든 정보를 설계도처럼 담고 있고, RNA는 생명체를 설계도대로 제작할 수 있게 정보를 전달하며, 단백질은 설계도대로 만들어져 기능하는 가장 작은 단위입니다.

DNA는 생명체의 유전정보를 담고 있는 거대한 물질입니다. 맨눈으로 볼 수는 없지만 세포 하나당 갖고 있는 DNA를 한 줄로 펴면 약 2미터에 달하며 인간 한 명의 DNA를 모두 연결하면 명왕성에 도달할 수 있을 정도입니다. 다만 세포 안에 DNA가 어마어마하게 압축되어 들어가기 때문에 실제 길이는 2~4마이크로미터 정도에 불과합니다. DNA는 스스로를 정확하게 복제할 수 있기 때문에 복제로 만들어진 각각의 세포와 원본이 똑같습니다. 복제 기능은 인간의 세포뿐 아니라 박테리아나 원생동물 같은 생물에도 동일하게 나타납니다.

    RNA 중 대표적인 mRNA는 DNA에 저장된 정보를 필요한 위치에 전달하는 물질입니다. DNA의 일부만을 복제한 것이기 때문에 크기가 상대적으로 매우 작습니다. DNA는 세포핵 안에 존재하며 세포 안에서도 핵막nuclear envelope이라 부르는 또 하나의 막으로 보호받고 있습니다. 핵막은 필요한 물질만 세포핵 내부로 들어오거나 외부로 나갈 수 있게 조절하는 역할을 하는데, 크기가 큰 DNA는 핵 안에 머물고 전사된 작은 mRNA는 핵막에 난 수많은 구멍, 곧 핵공nuclear pore을 통해 밖으로 나갈 수 있습니다. 설계도인 DNA 전체가 매번 전달되는 게 아니라 유전정보가 필요할 때 필요한 부분만 담아 mRNA가 효율적으로 전달하는 것이지요.

    단백질은 DNA에 적힌 설계도대로 온갖 기능을 수행하는 가장 작은 단위이며 20가지 아미노산으로 구성된 물질입니다. 아미노산은 다양한 서열을 반복하면서 수만 가지 아미노산 조합을 만들 수 있어서 목적에 따라 다양한 기능을 하는 단백질이 만들어집니다. 연결 조직인 콜라겐, 행동을 제어하는 호르몬, 몸을 감염으로부터 보호하는 항체, 산소를 운반하는 헤모글로빈 등 DNA 형성부터 생존까지 생명체 내부에서 일어나는 거의 모든 기능이 단백질의 역할입니다. 그만큼 배열과 구조가 복잡하기 때문에 어떤 역할을 하는지 파악하기 가장 어려운 물질이기도 하지요.

유전정보의 저장소

분자생물학 역시 20세기 현대과학이 급변하는 과정에서 탄생했습니다. 양자역학의 발전에 크게 기여한 닐스 보어는 1932년, 생물학에 양자역학의 원리 중 하나인 불확정성을 도입하려고 했습니다. 한편 에르빈 슈뢰딩거는 1944년 저서 《생명이란 무엇인가What Is Life?》에서 생물학에 적용할 수 있는 새로운 법칙을 제안하고, 유전자를 '정보 운반체'로 간주하며 유전물질의 다양한 후보군을 제시하기도 했습니다.

유전정보가 어떤 물질에 들어 있는지를 알아내는 것은 분자생물학에서 가장 기본적이면서도 중요한 일이었습니다. 20세기에도 세포가 다양한 물질로 이루어졌다는 사실은 잘 알려져 있었습니다. 문제는 그중 무엇에 유전정보가 담겨 있는지 모른다는 것이었죠. 영국의 의사이자 유전학자인 프레더릭 그리피스Frederick Griffith(1879년~1941년)는 쥐에 폐렴균을 주입하는 실험을 통해 생명체의 유전정보가 특정 물질을 통해 전달된다는 사실을 처음으로 밝혀냈습니다. 폐렴을 일으키는 S균과 백혈구의 작용으로 없어지는 R균을 쥐에 각각 주입하면 당연히 살아 있는 S균을 주입한 쥐는 죽고 R균을 주입한 쥐는 살아남습니다. 하지만 죽은 S균과 살아 있는 R균을 함께 주입했을 때에도 쥐가 죽었습니다. 죽은 S균은 아무런 영향을 끼치지 않을 것이라고 예상했지만 실제로는 죽은 S균의 어떤 물질이 살아 있는 R균을 S균으로 변환시켰기 때문이었지요. 그리피스는 이런 현상을 '형질전환transformation'이라고 불렀는데 무엇이 형질전환을 유발하는지는 알아내지 못했습니다.

형질전환의 원인 또는 유전물질의 정체는 1944년, 캐나다의 유전학자인 오즈월드 시어도어 에이버리Oswald Theodore Avery(1877년~1955년)의 실험을 통해 비로소 밝혀졌습니다. 에이버리는 S균의 세포 추출물 중 형질전환을 유발하는 물질이 있다고 생각했습니다. 그래서 S균의 세포 추출물에 들어 있는 다양한 물질(단백질, 탄수화물, DNA 등)을 선택적으로 분해하는 효소들을 이용해 어떤 물질이 형질전환을 일으키는지 확인했습니다. 이때 DNA 분해 효소를 넣은 경우에만 다른 결과가 나타났습니다. DNA가 분해되면 유전정보가 전달되지 않기 때문에 형질전환이 일어나지 않았던 것이지요. 다시 말해 유전정보는 DNA에 담겨 있던 것입니다. 이렇게 에이버리는 DNA의 역할을 밝혀냈지만 DNA가 어떤 구조로 되어 있는지는 알지 못했습니다. DNA는 크기가 수십 나노미터에 불과하기 때문에 당시 기술로는 관측할 수 없었기 때문이지요.

DNA 구조를 알아내는 데에는 뜻밖에도 현대과학의 탄생을 알린 X선이 중요한 역할을 했습니다. 물론 뢴트겐이 손 뼈 사진을 찍듯이 X선으로 이미지를 남기는 방법을 활용한 건 아니었지

요. 영국의 물리학자인 윌리엄 헨리 브래그William Henry Bragg(1862년
~1942년)와 아들 윌리엄 로런스 브래그William Lawrence Bragg(1890년
~1971년)는 X선 회절X-ray diffraction이라 불리는 새로운 기술을 개발
했는데, 이 기술은 X선을 물체에 가할 때 표면에서 일어나는 반사
와 회절(여기서 회절이란 결정 내부 원자면에서 반사된 X선이 표면 반사된
X선과 겹치며 나타나는 현상)을 활용합니다. 물체에 X선을 쏘면 표면
의 입자와 그 아래 입자 각각에서 X선이 반사되는데, 이때 반사되
는 X선의 경로 차이를 분석하면 입자 사이의 거리와 물질의 구조
를 파악할 수 있습니다. 특히 표면에 쏘는 X선의 입사각을 잘 조절
하면 특정 각도에서 X선이 소멸하지 않고 오히려 강하게 반사되는
데, 이 경우에 세기가 약한 X선을 정확하게 측정할 수 있어 다양한
물체 표면의 구조를 분석할 수 있습니다. '브래그의 법칙Bragg's law'
이라 부르는 이 발견으로 브래그 부자는 1915년에 노벨 물리학상
을 수상했습니다.

DNA 구조를 밝혀내다

DNA 구조를 최초로 정확하게 규명한 사람은 미국의 과학자 제
임스 듀이 왓슨James Dewey Watson(1928년~)과 프랜시스 크릭Francis
Crick(1916년~2004년)입니다. 그러나 그들이 처음 발표한 논문에는
DNA 구조가 이중나선 모형일 것이라는 추론만 담겨 있었고 이를

뒷받침할 데이터는 빠져 있었습니다. 이 추론을 지지하는 근거는 모리스 윌킨스Maurice Wilkins(1916년~2004년)와 로절린드 프랭클린Rosalind Franklin(1920년~1958년)의 DNA X선 회절 이미지였지요. 왓슨은 논문 제출 전에 검은 점들이 선명하게 나타난 DNA 회절 이미지를 보고 DNA가 이중나선 구조를 가졌음을 직감했다고 전해집니다. 우선 선명하게 구역화된 점들은 DNA 구조가 규칙적으로 반복된다는 사실을 암시합니다. 만약 DNA 구조가 불규칙적이었다면 쏘아준 X선이 DNA에 부딪힌 뒤 무분별하게 퍼질 것이고, 따라서 회절 이미지 역시 점들이 구름처럼 흐릿하게 퍼져 있는 모습이어야 했죠. 또한 X선 회절 패턴이 나선형 구조물의 특징을 나타냈고 이로부터 DNA가 나선형임을 추론했다고 합니다. 왓슨은 일상적으로 관찰을 통해 중요한 생물학적 대상들이 쌍으로 나타난다는 것을 알고 있었기 때문에 DNA 역시 이중나선 모형을 따를 것이라고 생각했습니다.[5]

　　첫 번째 논문을 발표하고 왓슨, 크릭, 윌킨스는 DNA 구조를 정확하게 증명하는 데 성공했습니다. 우선 DNA는 나선형 계단과 유사하게 생겼습니다. 계단 손잡이처럼 가장 바깥쪽에는 뼈대인 인산 구조가 있고 안쪽에는 염기끼리 고유한 염기쌍을 이루며 창살처럼 배열되어 있습니다. 주목할 점은 DNA가 계단이 위아래로 붙어 있는 듯한(손잡이가 위아래 하나씩 있는 개념) 상보적 구조이기 때문에 한 가닥만 있어도 다른 가닥을 만들 수 있다는 것입니다. 이는 창살 부분의 염기쌍이 다른 염기쌍과 상보적으로 결합하기 때문이지요. 이러한 연구 결과로 왓슨, 크릭, 윌킨스는 실제 자연계의 DNA 구조를 밝혀낸 공로를 인정받아 1962년에 노벨 생리의학상을 수상했습니다.

하지만 DNA 구조를 발견하는 데 크게 기여한 또 다른 인물, 프랭클린은 1958년에 요절하면서 노벨상을 받지 못했습니다. 게다가 프랭클린이 얼마나 기여했는지 잘 알려지지 않았던 터라 DNA 구조 발견의 공로를 온전히 왓슨과 크릭에게 돌려야 하는지 논란이 있었지요. 실제로 왓슨과 크릭은 프랭클린의 동의를 받지 않고 그녀의 자료를 이용해 DNA 모형을 수정한 바 있습니다. 프랭클린 역시 왓슨과 크릭의 이론을 납득하지 않아서 공동저자 제안을 받아들이지 않았죠. 분명한 건 왓슨과 크릭은 DNA 구조를 이론적으로 예측했고 윌킨스와 프랭클린은 DNA 데이터와 이미지를 제공했다는 사실입니다. 이 두 그룹 중 어느 한쪽이라도 없었다면 DNA 구조를 밝혀내기 어려웠을 것입니다.

인간 게놈 프로젝트, 생명의 지도를 찾아서

크릭과 왓슨이 DNA 구조를 발견한 뒤 전 세계 유전자 연구소에서 DNA 구조를 해독하려는 붐이 일었습니다. 연구자들은 유전정보를 담고 있는 DNA 배열을 완전히 이해하면 생명에 관한 근본적 이해를 넘어 원하는 대로 생명체를 조절할 수 있을 것이라고 기대

했죠. 예를 들어 머리색에 관여하는 DNA 배열을 알아낸다면 이를 편집해 원하는 머리색을 바꿀 수 있을 거라고 생각했습니다. 더 나아가 피부색, 키, 몸무게 같은 외적 요소부터 폐활량, 소화력 같은 내적 요소까지 인간의 모든 부분을 필요한 대로 조절할 수 있을 것이라는 기대감이 커졌습니다.

이런 기대 속에서 '인간 게놈 프로젝트human genome project'라고 불리는 인간의 유전자 지도 완성을 위한 프로젝트가 탄생했습니다. 게놈genome은 유전자gene와 염색체chromosome에서 일부를 따와 합친 단어로, 하나의 세포에 들어 있는 DNA의 염기 배열 전체를 의미합니다. 이 프로젝트는 1990년부터 13년 동안 인간 유전자의 종류와 기능을 밝혀내기 위해 노력했습니다. 인간 게놈은 약 30억 개의 염기쌍으로 이루어져 있기 때문에 이를 모두 분석하려면 오랜 시간이 필요했죠.

2003년, 공식적으로 게놈 프로젝트는 완료되었습니다. 인간뿐 아니라 다양한 생명의 게놈 서열을 분석하면서 지구상에 존재하는 모든 생명체의 공통 조상이 존재했다는 사실이 밝혀졌습니다. 예를 들어 집쥐의 16번 염색체는 인간의 여러 염색체에서 발견되는 유전자와 동일한 유전자를 포함합니다. 이런 결과는 현재 인간과 쥐가 완전히 다른 종이지만 아주 오래전 공통의 조상에서 갈라져 나왔음을 뜻합니다. 과거 다윈이 제시했던 진화론을 직접적으로 뒷받침하는 결과이기도 하지요.

또한 특정 유전자에서 발현되는 몇몇 유전병을 해결하는 성과를 거두었습니다. 예를 들어 21번 염색체는 다운증후군, 알츠하이머, 백혈병, 당뇨병과 관련된 유전자라는 사실을 알아냈죠. 하지만 게놈 프로젝트가 밝혀낸 인간 유전자 지도는 '신의 암호'나 '인간의 청사진'이라는 기대에 비하면 획기적인 변화를 일으키지 못했습니다. 염기 서열을 해석하고 그 기능을 알아내면 인간의 모든 것(질병, 행동양식, 지능, 본성 등)을 알 수 있을 것이라는 기대와 달리 게놈 프로젝트가 끝난 지금도 우리는 인간에 관해 모르는 부분이 많습니다. 무엇보다 30억 개의 염기 배열 중 유전정보는 아주 일부에만 존재합니다. 약 2퍼센트에 불과하는 이 유전자들은 유전에 영향을 준다고 알려졌지만 나머지 98퍼센트의 DNA가 어떤 역할을 하는지는 여전히 연구 중이지요. 개개인의 DNA는 0.1~0.4퍼센트 정도로 미세하게 차이 나지만 0.1퍼센트 차이로도 약 300만 개의 염기쌍이 달라지게 됩니다. 인간의 개별성은 그러한 차이로부터 나타나지요. 다시 말해 단순히 DNA 서열이 생명체의 모든 기능과 직결되지 않는다는 것이죠. DNA 서열이 모든 유전정보를 담고 있지도 않을뿐더러 그 작용 과정에서 다른 물질(RNA 또는 단백질)과 상호작용이 일어나기 때문입니다.

생명을 마음대로 편집할 수 있다면

한계만 있었던 것은 아닙니다. 유전자에 관한 지식이 쌓이면서 유전자조작기술이 실현되었습니다. 생명체의 유전자를 인위적으로 바꾸는 '유전공학genetic engineering'이 등장한 것이지요. 유전공학은 기본적으로 인간에게 이득인 방향으로 생물을 변형시키는 것이 목적입니다. 먼 옛날 인류가 농사를 짓기 위해 야생의 벼나 옥수수를 개량하고 야생의 늑대를 길들여 개로 가축화한 사례도 넓게 보면 유전공학이라고 할 수 있겠습니다. 다만 현대 유전공학은 DNA 배열 순서를 조작해 생명체를 바꾸는 게 목표죠.

유전공학에서는 크게 유전자의 DNA 배열 중 일부를 작동하지 않게 만드는 녹아웃knock-out과 새로운 DNA 배열을 삽입해 새로운 기능이 나타나게 하는 녹인knock-in을 이용합니다. 그러나 생명체의 유전자를 바꾸는 일은 결코 쉽지 않습니다. 우선 유전정보를 담은 DNA에 접근하려면 피부, 세포막, 핵막이라는 세 겹의 보호막을 넘어야 합니다. 또한 세포 안에서 외부 침입 물질을 제거하는 파수꾼 물질의 공격을 피해야 하지요. 그 뒤에 필요한 위치의 유전자만 선택적으로 자르거나 삽입해야 비로소 유전자 변형이 가능합니다. 무엇보다 이 모든 과정이 성공할 때까지 세포가 살아남아야 하지요. 죽은 생명체를 변형하는 건 아무런 의미가 없으니까요.

20세기 초의 유전자 변형은 비교적 구조가 간단한 세균부터 시작되었습니다. 원핵세포prokaryotic cell라고도 불리는 세균은 인간 세포와 달리 DNA가 세포질에 존재하기 때문에 세포막만 넘으면 쉽게 유전정보에 접근할 수 있고 상대적으로 배양이 쉽죠. 반면 진핵세포eukaryotic cell라고 불리는 인간 세포는 세포핵 안에 DNA가 존재하기 때문에 유전자 변형이 훨씬 어렵습니다. 또한 진핵세포의 DNA 구조는 부피를 줄이기 위해 압축되어 꼬인 모양이지만 원핵세포의 DNA 구조는 고리 모양이기 때문에 상대적으로 쉽게 접근하고 수정할 수 있죠.

특히 원핵세포에는 진핵세포와 달리 DNA와 비슷하면서도 독립적으로 존재하는 고리 모양의 DNA인 '플라스미드$_{plasmid}$'라는 물질이 있습니다. 플라스미드도 DNA처럼 유전정보를 담고 있죠. 예를 들어 대장균에는 염색체 DNA 외에 더 작은 고리 모양의 플라스미드 DNA가 같이 존재합니다. 플라스미드는 다른 DNA와 마찬가지로 유전정보를 저장하고 전달할 수 있으며 자연적으로 다른 세균에게 전달될 수 있습니다. 세균 간 접합을 통해 플라스미드가 전해지기도 하고 세균이 주변 플라스미드를 흡수하거나 플라스미드가 세포막을 직접 뚫고 들어가는 경우도 있죠.

플라스미드는 오늘날에도 유전공학에서 많이 활용됩니다. 가장 대표적인 사례는 대장균에서 플라스미드를 추출해 필요한 DNA를 재조합한 뒤 대장균 안으로 플라스미드를 넣어 필요한 물질을 얻는 것입니다. 이렇게 재조합 DNA$_{recombinant\ DNA}$ 플라스미드를 갖는 대장균은 이전과 다른 물질을 생산합니다. 당뇨병 환자에게 필수적인 인슐린 같은 걸 만들 수도 있지요. 아쉽게도 유전공학에서 관심을 갖는 생물은 모두 인간 같은 진핵생물인데 대장균 같은 원핵생물에서 진핵생물에 활용할 수 있는 단백질은 몇 가지밖에 안 됩니다. 어쨌든 이렇게 재조합한 DNA로 식물이나 동물

세포 자체의 DNA를 바꿔 생물의 환경적응력을 높일 수 있고 빛을 내는 생물을 만드는 일까지도 가능합니다.

코로나 바이러스 감염 여부를 확인할 때 활용한 중합효소연쇄반응polymerase chain reaction, PCR 역시 DNA의 특징을 이용합니다. 기본적으로 코로나 바이러스의 증상도 코로나 바이러스 DNA가 담고 있는 유전정보가 발현된 결과입니다. 그렇지만 실제 몸 안에는 코로나 바이러스 DNA가 정상 세포 DNA보다 훨씬 적습니다. 만약 코로나 바이러스 DNA가 훨씬 많았다면 인간이 아니라 코로나 바이러스라는 생물이 되었겠지요. 이렇게 정상 세포보다 감염된 세포가 훨씬 적을 때에는 몸속 코로나 바이러스 DNA를 증폭해야만 분석이 가능한데 PCR을 통해 시료 안에 있는 특정 DNA를 증폭하면 아주 적은 양의 DNA까지도 존재 유무를 정확하게 판별할 수 있습니다.

PCR에서 DNA 복제는 크게 3단계로 이루어집니다. 먼저 변성denaturation 단계에서는 열 등을 가해 이중나선 구조로 이루어져 있는 DNA를 단일나선 DNA로 바꿉니다. 두 번째는 결합annealing으로, 단일나선 DNA를 증폭시킬 준비를 합니다. 단일나선 DNA 끝에 DNA 합성을 위한 개시체primer를 결합하여 새로운 DNA가 복제될 시작점을 표시하죠. 세 번째는 진행extension으로, DNA 조각들이 개시체를 따라 조립되어 새로운 DNA로 복제됩니다. 이를 통해 처음 DNA와 동일한 구조를 갖는 DNA가 만들어지죠. 일련의 PCR 과정을 한 번 시행하면 DNA는 2배 증폭되므로 10번만 반복해도 원래의 1,000배가 넘는 양을 얻을 수 있습니다. 이런 DNA 복제 과정을 실시간으로 분석하는 기술을 '실시간 PCR_{real-time PCR}'이라고 부릅니다. 이 기술에서는 DNA 복제 과정에 형광탐침자_{fluorescent probe}를 활용합니다. 이 탐침자는 복제 과정에서 기존 결합이 끊어지면서 더 많은 형광을 발현하는데, 코로나 바이러스가 많을수록(DNA 복제 과정이 반복될수록) 형광 신호가 증가하여 바이러스의 양을 실시간으로 분석할 수 있습니다.

팬데믹 시기에 등장한 mRNA 백신은 RNA 연구의 대표적인 성과입니다. 또한 RNA는 암 진단 방법에도 활용될 것으로 기대됩니다. 현재 대부분의 질병은 발병 후 상당히 진행된 상태에서야 진단이 가능합니다. 그러나 세포에서 기존과 다른 RNA가 발현된 것을 초기에 확인할 수 있다면 질병을 더 일찍 발견할 확률이 커집니다. RNA 물질 특유의 불안정성을 극복할 수 있다면 암을 훨씬 초기에 발견할 수 있게 될 것입니다.

DNA는 눈으로 볼 수 없는 크기입니다. 또한 스스로는 아무것도 할 수 없는 존재이지요. 하지만 RNA, 단백질을 비롯한 세포 내 수많은 물질과 상호작용하면서 모든 생명체를 살아 움직이게 합니다. 저명한 과학자 리처드 도킨스_{Richard Dawkins(1941년~)}는 저서 《이기적 유전자_{The Selfish Gene}》에서 생명이 살아가는 목적이 유전자에 의해 결정된다고 주장했습니다. 유전자란 생명 활동을 이어가게 하는 필수 요소인 동시에 방향성을 제시하는 물질인 것이죠.

DNA의 발견과 연구는 '무엇이 생명체를 이루는가' '어떻게 생명체가 살아 움직이는가' 등 고대 그리스부터 인간이 생물체에 관해 던진 궁극적 질문에 답을 제시했습니다. 물론 다른 모든 과학이 그렇듯이 지금 생물학이 제시하는 답도 언젠가는 달라질 수 있습니다. 예를 들어 현재 생물학은 탄소 기반의 생명체만 설명할 수 있습니다. 만약 우주에 탄소가 아닌 다른 원소로 된 DNA 구조를 갖는 생명체가 등장한다면 어떻게 될까요? 완전히 새로운 생물을 설명하기 위해서 지금과 전혀 다른 생물학이 필요할 것입니다.

적어도 지구에서는 게놈 프로젝트를 통해 인간의 DNA 지도가 완성되었지만 원래 목표였던 인간을 완전히 이해하는 경지에는 도달하지 못했습니다. DNA, RNA, 단백질이 서로 영향을 끼치며 복잡하게 관여하는 생명체를 이해하기란 결코 쉽지 않지요. 하지만 수많은 사례를 통해 한 단계씩 얻어낸 지식은 언젠가 '인간이란 무엇인가'라는 질문에 총체적인 답을 제시할지도 모릅니다.

5장

우주의 기원

빅뱅 이론과 우주 팽창

우주에서 온 신호

요즘은 밤하늘에서 은하수를 보기가 쉽지 않습니다. 공기가 아주 깨끗하고 주위에 빛이 전혀 없는 장소에서나 가끔 볼 수 있지요. 예전에 은하수를 처음 봤을 때 안경을 벗어 흐릿한 시야로 광활하게 펼쳐진 별 무리를 보며 압도된 경험이 있습니다. 평소에도 밤하늘에 별이 많다는 걸 머리로는 알고 있었지만 은하수를 보며 정말 아득할 정도로 많은 별이 있다는 걸 실감했죠. 빛과 대기 오염이 지금보다 훨씬 적었던 과거에는 수많은 별을 보는 게 그리 어려운 일이 아니었기 때문에 많은 천문학자가 별의 매력에 빠져 연구를 시작했을지도 모릅니다.

오늘날 천문학자들은 우주가 어떻게 시작되었으며 현재 어떤 상태인지를 연구하고 있습니다. 과거 천문학이 별의 움직임을 관측하는 수동적 연구에 머물렀다면 오늘날에는 별의 과거와 미래를 예측하기도 하고 직접 우주에서 별 사진을 찍거나 다른 천체로 향하기도 합니다. 아직까지는 달 외에 인간이 직접 다녀온 천체는 없지만 다양한 분석기술을 통해 직접 가지 않고도 수많은 별에 관해

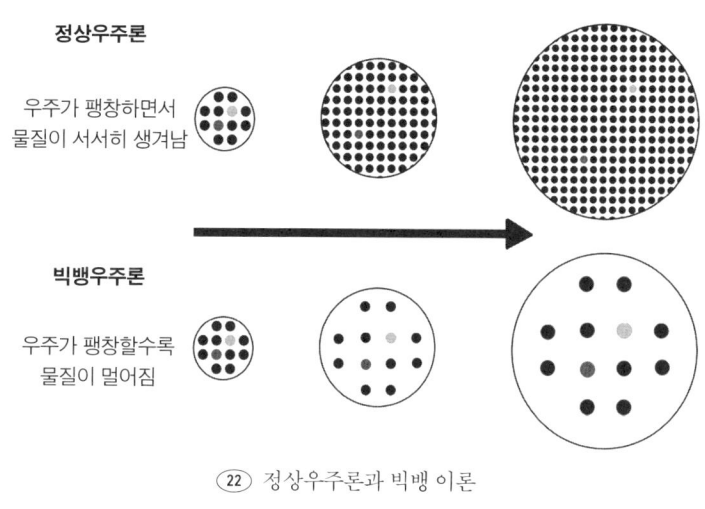

⑳ 정상우주론과 빅뱅 이론

알 수 있게 되었지요.

태초의 우주는 큰 폭발에서 시작되었습니다. 현대천문학의 주류 이론인 빅뱅 이론Big Bang theory에 따르면 빅뱅이라는 큰 폭발은 우리가 추적할 수 있는 최초의 사건입니다. 140억 년 전, 빅뱅 이전의 우주는 시간과 물질 자체가 존재하지 않았습니다. 빅뱅 이전에는 모든 물질이 하나의 작은 질량체 또는 우주의 알 안에 있었다는 것이지요. 아인슈타인의 에너지와 질량 변환의 법칙($E=mc^2$)에 따르면 물질의 질량이 없기 때문에 에너지와 시간 모두 존재하지 않았습니다. 최초의 알은 스스로의 중력에 의해 점점 수축하며 부피가 작아지면서 온도가 올라갔습니다. 상상할 수 없을 정도로 높은

온도에 도달하자 끝내 알이 폭발하며 우주가 탄생했습니다.[6]

1927년, 빅뱅 이론을 처음 주장한 인물은 벨기에의 물리학자 겸 신부였던 조르주 르메트르Georges Lemaitre(1894년~1966년)입니다. 르메트르는 특이하게도 물리학자이지만 신부였습니다. 게다가 그의 빅뱅 이론이 창세기에 나오는 "태초에 빛이 있으라"라는 표현과 상당히 유사해 보였기 때문에 과학계에서는 의심의 눈초리를 보냈다고 합니다. 그렇지만 오늘날에는 많은 정황 증거를 통해 빅뱅 이론이 설득력 있는 주류 이론으로 인정받고 있습니다.

빅뱅 이론의 가장 결정적인 증거는 오늘날에도 우주의 모든 방향에서 비슷한 수준의 열에너지를 관측할 수 있다는 사실입니다. 까마득한 과거의 큰 폭발에서 발생한 열에너지가 아직도 우주에 잔상을 남기고 있는 것이지요. '우주배경복사cosmic background radiation'라고 부르는 이 현상은 모든 우주 공간에서 동일한 열(전자기파)이 전달되는 현상입니다. 가시광선의 파장 영역이 아니기 때문에 직접 눈으로 볼 수는 없지요. 1920년대에 이미 과학자들은 우주의 전자기파를 분석하는 '전파천문학radio astronomy'이라는 새로운 과학 분야를 개척했습니다. 이전의 광학기술로는 볼 수 없었던, 전파만을 방출하는 천체 수백만 개를 분석할 수 있는 전파망원경이 탄생한 것이었죠.

빅뱅의 우주배경복사는 1964년 무렵에 실제로 측정되었습니다. 벨연구소에서 일하던 아노 펜지어스Arno Penzias(1933년~)와 로버트 윌슨Robert Wilson(1936년~2024년)은 위성 신호를 수신하다가 노이즈를 발견했습니다. 이 노이즈는 지구의 공전이나 자전에 상관없이 하늘의 모든 방향에서 나타났습니다. 처음에 그들은 안테나에 이상이 있다고 생각했고 실제로 안테나에 비둘기 집이 붙어 있기도 했죠. 하지만 안테나를 청소한 뒤에도 노이즈는 사라지지 않았습니다. 그러던 중 펜지어스는 동료 천문학자에게 근처에 있는 프린스턴대학교의 천문학과 교수 로버트 디키Robert Dicke(1916년~1997년)의 연구팀이 자신들이 발견한 노이즈와 비슷한 우주 신호를 찾고 있다는 이야기를 듣게 되었습니다. 펜지어스는 반신반의하며 디키 연구팀에 연락을 해 우주의 모든 방향에서 감지되는 신호에 관해 설명했고, 디키는 곧바로 바로 그것이 자신들이 찾던 우주배경복사임을 알아차렸습니다. 펜지어스와 윌슨은 그들도 모르는 사이에 우주배경복사를 발견한 공로로 1978년 노벨 물리학상을 수상했습니다.

지구에서 관측되는 우주배경복사는 빅뱅 직후 뜨거웠던 우주가 보내는 빛입니다. 초기의 빅뱅 상태에서는 온도가 너무 높아 전자가 원자핵에 고정되지 않고 자유롭게 이동할 수 있었습니다. 이후 우주가 점차 팽창하면서 온도가 낮아졌고 3,000켈빈(약 2,800도)에 도달하자 전자가 비로소 원자핵 주위를 맴돌며 처음으로 원자가 만들어졌지요. 그리고 100억 년이 넘는 시간 동안 우주는 계속 팽창했고, 이 과정에서 우주배경복사는 현재 2.7켈빈(약 -270도)의 온도를 가진 전파 형태로 오늘날까지도 전해지고 있습니다. 전파천문학자들 덕분에 존재가 입증된 복사를 두고 르메트르는 '세상의 기원으로부터 시작된 보이지 않는 빛'이라고 불렀습니다.

> "140억 년 전, 엄청난 폭발이 일어나 우주의 구석구석을 향해 끊임없이 전파되는 전자기 복사가 생겨났다. 이 복사는 스펙트럼상에서 이동하며 오늘날 전파망원경으로 식별할 수 있는 희미한 흔적을 남겼다. '광대하고 차가운 우주의 진공' 속 멀고 먼 한 작은 점에서 '세상의 기원으로부터 시작된 보이지 않는 빛'을 발견한 우리는 그 경이로움에 그저 숙연해졌다."[7]

우주배경복사는 빅뱅 이후 우주가 팽창했음을 보여줍니다. 그런데 하늘을 보면 정말 우주가 팽창하고 있는 것인지 의구심이 듭니다. 우주라는 공간이 팽창한다면 우리가 바라보는 태양이나 달 같은 천체도 점점 작아져야 할 텐데 그렇지 않아 보이니까요.

우주가 팽창하고 있다는 사실은 천체가 내뿜는 빛의 스펙트럼 변화를 통해 확인할 수 있습니다. 1800년대 말부터 천문학자와 물리학자들은 지구를 향해 다가오거나 멀어지는 천체들이 내는 빛의 스펙트럼이 달라지는 현상을 발견했습니다. 이런 현상은 빛뿐 아니라 소리에도 나타납니다. 예를 들어 빠르게 달리는 구급차의 사이렌 소리는 가까워질 때와 멀어질 때 다르게 들립니다. 음원이 소리를 듣는 사람에게 가까워지면 소리의 속도와 음원의 속도가 합쳐져 상대적으로 더 빠른 시간에 도착하고, 그 결과 소리의 파장이 짧은 것처럼 느껴져서 높은 소리가 들립니다(파장이 짧을수록 음

높이가 높아지고, 파장이 길면 음높이는 낮아집니다). 반면 음원이 멀어지면 소리의 속도는 상대적으로 느려지므로 소리의 파장이 길어져 낮은 소리가 들리지요. '도플러 효과Doppler effect'라고 부르는 이 현상을 빛에 적용해보면 특정한 별이 지구로 다가올 때는 상대적으로 거리가 짧아지므로 파장도 짧아집니다. 반면 별이 지구에서 멀어질 때는 파장이 길어지지요. 빛은 파장이 길수록 붉은색을 띠므로 별의 스펙트럼이 붉은색으로 변하는 '적색편이cosmological redshift'는 지구로부터 천체가 멀어지고 있다는 사실을 알려줍니다.

에드윈 허블Edwin Hubble(1889년~1953년)은 적색편이 현상을 이용해 우주가 팽창한다는 사실을 처음으로 밝힌 미국의 천문학자입니다. 1920년대에는 우리 은하가 우주의 전부라고 생각했습니다. 그런데 허블은 별의 밝기 변화를 활용해 안드로메다 은하까지의 거리가 150만 광년이라는 사실을 밝혀냈습니다. 이 거리는 우리 은하의 반지름인 10만 광년보다 훨씬 큰 값이었습니다. 우리 은하가 우주의 전부라고 인식하던 우주 영역이 수십억 배 확장된 것이지요. 그런데 허블이 관측한 대부분의 은하는 적색편이 스펙트럼을 나타내고 있었습니다. 다시 말해 다른 은하에서 오는 빛(파동)이 공통적으로 파장이 늘어나 붉은색 쪽으로 스펙트럼이 치우쳐 있었습니다. 허블은 이것이 우리 은하와 다른 은하 사이의 우주 공간 자체가 팽창하기 때문이라고 생각했습니다. 실제로 지구에서 더 멀리 떨어진 은하가 더 큰 적색편이를 보였고 우주가 모든 공간에서 팽창하고 있다는 사실이 밝혀졌습니다. 우주는 더 이상 영원하거나 정지해 있는 존재가 아니게 된 것이지요. 아리스토텔레스가 상상했던 완벽한 공간인 우주는 없었습니다.

별빛이 모두 꺼지면

우주가 정지해 있는 완벽한 공간이 아니라면 먼 미래의 우주는 지금과 다를 것입니다. 그렇다면 지금처럼 끝없이 팽창하고 있을까요? 아니면 언젠가 팽창을 멈추고 수축하며 빅뱅 이전의 아무것도 없던 시기로 돌아가게 될까요? 물론 인류가 그때까지 남아 있을지는 모르겠지만 말입니다.

빅 크런치 이론Big Crunch theory에서는 우주가 언젠가는 팽창을 멈추고 수축할 것이라고 가정합니다. 이 이론에 따르면 우주가 에너지적으로 가장 안정한 상태에 도달하면 팽창을 멈추고 이후 팽창이 진행된 시간만큼 수축하게 됩니다. 풍선에 바람을 후 불어넣었다 멈추면 쪼그라들듯이 말이지요. 우주가 팽창하면서 우주배경복사의 온도가 낮아지던 것과 반대로 우주가 수축하기 시작하면 우주배경복사의 온도는 점차 높아집니다. 우주배경복사 온도가 충분히 높아지면 하늘이 열 때문에 붉게 물들어가는 광경을 볼 수 있을지도 모르죠. 끝없이 수축해온 우주가 다시 하나의 알로 돌아간 뒤에는 제2의 빅뱅을 거쳐 새로운 우주가 짠 하고 탄생할 수도 있습니다. 100억 년이 넘는 시간이 지난 뒤에 말입니다.

그러나 최근 연구 결과들에 따르면 우주 팽창은 점점 빨라지고 있습니다. 지구에서 서로 다른 거리에 있는 초신성들의 빛을 분석해보면 멀리 있는 초신성일수록 적색편이가 크게 관찰됩니다. 이는 멀리 있는 초신성이 훨씬 빠른 속도로 지구에서 멀어지고 있다는 뜻입니다. 그렇다면 무엇이 우주를 계속 팽창시키고 있을까요? 이에 관해서는 아직 명확하게 밝혀진 것이 없습니다. 암흑에너지dark energy라고 부르는, 우주에 가장 큰 규모로 영향을 끼치지만 알려지지 않은 에너지 형태를 가정하고 있을 뿐입니다.

이처럼 우주는 끝없이 팽창하는 것처럼 보이지만 언젠가 더 이상 팽창하지 않는 순간에 도달할 것입니다. 아무런 움직임과 변화가 없는, 영원불변한 공간이 되는 것이지요. 열역학 제2법칙에 따라 우주 역시 엔트로피가 증가하는 방향으로 변합니다. 우주가 최대로 팽창하면 모든 공간에서 모든 입자가 최대 엔트로피 상태에 도달하게 됩니다. 이와 동시에 우주의 평균 온도와 밀도는 계속 낮아져 절대영도에 가까워집니다. 모든 입자가 절대영도에 도달해 움직일 에너지가 없어지는 순간, 우주의 모든 것은 얼어붙게 됩니다. 그래서 이런 우주의 종말을 '빅 프리즈 이론Big Freeze theory'이라고 부르지요.

어쨌든 현재 우주는 공간에 따라 서로 다른 속도로 팽창하고 있습니다. 일부는 빛보다 빠른 속도로 팽창하고 있어서 현재 기술로는 볼 수 없지요. 빛을 이용해 알아낸 우주의 크기는 '인류가 관측 가능한 우주의 크기'입니다. 현재 우리가 관측할 수 있는 가장 멀리서 온 빛은 138억 년 전에 출발한 빛이지만, 빛이 지구에 도달하는 동안 우주가 팽창했으므로 실제 빛이 이동한 거리는 465억 광년에 달합니다.

암흑에너지로 말미암아 우주의 팽창 속도가 빨라지고 있기 때문에 우리가 볼 수 있는 우주의 영역은 점차 줄어들 것입니다. 물론 지구에서 보이는 별의 개수는 인류가 멸망하고 다시 태어날 만큼의 시간이 지나도 단 몇 개 정도 달라지겠지만요. 그보다 훨씬 더 먼 시간이 지나 지구에서 보이는 별들이 하나씩 꺼진다면 언젠가 우리 은하 바깥의 그 무엇도 볼 수 없는 시점이 올 수도 있습니다. 인류가 그 시점까지 존속한다면 그 광경을 보겠지요.

하지만 아직 인류는 달을 제외한 천체에 발을 디디지도 못했습니다. 다른 천체에 도달하기까지 걸리는 시간이 몇 달이나 걸릴뿐더러 행성의 가혹한 환경 탓에 착륙하기도 매우 어렵죠. 이 모든 어려움을 극복하고 탐사를 마친다 할지라도 행성의 중력을 이겨내며 다시 귀환하는 일 또한 달 탐사와 비교가 되지 않을 정도로 어렵습니다. 그럼에도 과학기술이 발달해 언젠가는 새로운 행성에 인간이 정착해 살 수 있을지도 모릅니다. 최근 활발히 진행되는 민간 우주왕복선 프로젝트가 결실을 맺고 있다는 사실을 고려하면 적어도 가까운 미래에는 비행기를 타고 해외여행을 떠나듯이 우주왕복선을 타고 지구 밖으로 나가는 일이 그리 어렵지 않을지도 모릅니다. 더 나아가 시공간 여행이 정말로 가능해진다면 비로소 우주를 자유롭게 누비게 되겠지요.

가보지 않은 길

**불가능에 도전하는
과학의 최전선**

5부

어느덧 도달한 마지막 부에는 현대와 미래 과학에 관한 이야기를 담았습니다. 오늘날 과학의 가장 큰 특징은 따라잡기 어려울 정도로 빠르게 변하고 있다는 점입니다. AI로 대표되는 컴퓨터기술이 대표적인 사례입니다. 벌써 오래된 단어처럼 느껴지는 '제4차 산업혁명'은 2015년에 처음 등장했으며 챗GPT는 2022년 말에 출범했습니다. 그 뒤 다양한 생성형 AI 기술이 등장하면서 인간 고유의 영역으로 생각되던 창작 영역에도 AI가 도입되고 있습니다. 불과 10년도 안 되는 사이에 AI가 진출하지 않은 영역을 찾기 어려워졌지요. 급변하는 현대와 미래에 과학기술이 많은 영향을 끼쳐서 그런지 최근에는 과학을 전공하지 않은 사람들도 과학에 관심을 기울이는 것 같습니다.

한편 현대과학의 또 다른 특징은 세분화입니다. 물리학만 해도 입자물리학, 원자핵물리학, 응집물질물리학, 응용물리학, 열물리학, 통계물리학, 원자물리학, 분자물리학, 반도체물리학, 천체물리학 등 수없이 많은 분야로 나뉩니다. 대학교나 작은 연구실에서 진행되는 더 세세한 분화까지 따지면 사실상 물리학 한 분야에서조차 연구를 전체적으로 파악하는 게 불가능에 가깝지요. 먼 옛날 아리스토텔레스나 뉴턴 같은 학자들이 물리학에서 시작해 광범위한 분야를 탐구했다면 이제는 각자의 과학 영역에서 깊은 우물을 파는 식으로 연구가 진행되고 있습니다.

동시에 점차 개별 연구의 한계에 도달하면서 분야 간 협업도 늘어나는 추세죠. 물리학과 화학은 애초에 밀접한 관계이고 물리학과 생물학, 생물학과 광학, 광학과 전자기학 등 필요에 따라 수많은 분야가 융합되어 새로운 연구 결과를 내놓고 있습니다.

이 때문에 오늘날 과학은 점점 종합적으로 이해하기가 어려워지는 게 아닐까 싶습니다. 물론 모두가 모든 분야에 전문지식을 가질 필요는 없지만 그럼에도 과학을 파고들다 보면 너무 광대한 분야에 지치곤 합니다. 게다가 지금 이 순간에도 새로운 연구 결과를 담은 논문이 계속해서 쏟아지고 있습니다.

5부에서는 지금 이 순간에도 새로운 탐구가 이루어지는 내용들을 다룹니다. 아직까지 정답을 찾지 못한 문제들을 다룬다는 뜻이기도 하지요. 그렇다면 현대과학을 이해한다는 게 어떤 의미가 있을까 하는 근본적인 의구심이 들 수도 있습니다. 애초에 앞으로 바뀔 가능성이 있는 문제를 알아가는 게 삶에 어떤 도움을 줄까요? 최신 과학은 인류가 어떤 것을 알고 있고 어떤 것을 아직도 모르는지를 명확하게 보여줍니다. 또한 여전히 산적한 문제를 해결하기 위한 과학의 접근 방법을 잘 보여줍니다. 과학도 시간이 지나면서 결국 정답이 밝혀지고 지식이 굳어지지만 현재의 과학은 얼마든지 수정이 가능한, 말 그대로 '살아 있는 지식'으로서 지식의 역동성을 잘 보여줍니다.

1장

보이지 않는 것을 예측하라

나노기술과 입자물리학

원자보다 작은 세계: 전자현미경 기술

과학의 발전은 한편으로 더 작은 세계로, 다른 한편으로는 더 큰 세계로 향합니다. 현대과학에서 탐구되는 작은 세계는 나노nano 수준입니다. 나노는 '난쟁이'란 의미의 고대 그리스어 나노스nanos에서 유래했으며, 1나노미터는 10억 분의 1미터와 같습니다. 일반적으로 인간의 눈으로 볼 수 있는 최소 크기는 0.1밀리미터, 곧 1만 분의 1미터 정도입니다. 만약 20센티미터쯤 되는 손바닥 길이를 1나노미터로 정의한다면 손바닥이 20킬로미터만큼 이어져야 비로소 눈으로 볼 수 있게 되지요.

그런데 현대에는 다양한 분야에서 나노미터 수준의 구조물을 뚝딱뚝딱 만듭니다. 대표적으로 반도체는 수 나노미터 수준에 도달한 지 오래되었지요. '일반 현미경으로 충분히 작은 물체를 볼 수 있지 않을까?' 생각하겠지만 나노미터 수준의 구조물은 빛의 파장보다 작습니다. 우리가 빛으로 어떤 물체를 볼 수 있는 것은 그 물체를 이루는 입자들의 최소 간격보다 빛의 파장이 더 작기 때문입니다. 예를 들어 어떤 입자 사이의 간격이 1미터라고 가정할 때

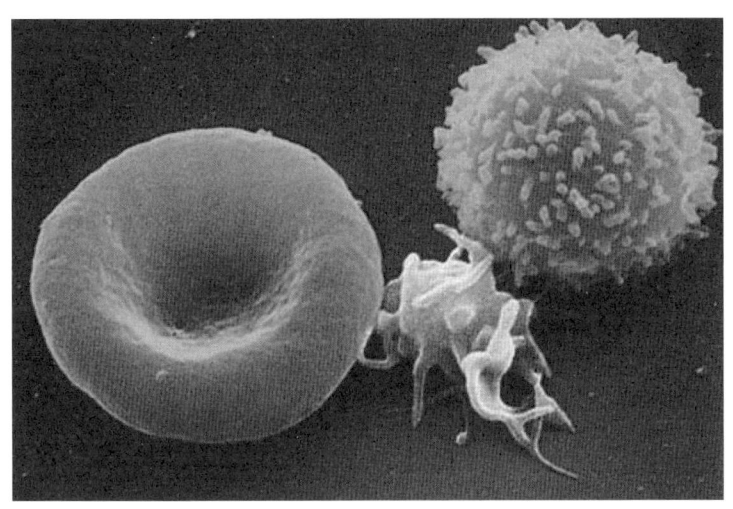

(23) 전자현미경으로 얻은 적혈구, 혈소판, 백혈구 이미지

그 거리를 측정하기 위한 자의 최소 단위는 1미터보다는 작아야 합니다. 10미터가 최소 단위인 자로는 1미터 간격도 10미터로 측정할 수밖에 없는 오류가 생기니까요. 그런데 일반적으로 눈으로 보이는 빛의 파장 영역은 400~700나노미터 부근입니다. 흔히 가시광선이라 부르는 영역이지요. 반면 나노세계에서는 대개 100나노미터 이하의 크기를 갖는 구조물을 보고 분석해야 합니다. 이런 크기의 한계를 극복하기 위해 빛의 파장을 줄인 현미경이 등장했습니다.

가시광선보다 훨씬 작은 파장을 갖는 전자로 물체를 본다는 아이디어는 1930년대에 등장했습니다. 독일의 물리학자 에른스트 루스카Ernst Ruska(1906년~1988년)와 막스 놀Max Knoll(1897년~1969년)은 전자를 가속시킴으로써 가시광선보다 훨씬 작은 파장을 갖는 빛으로도 물체를 볼 수 있다는 사실을 밝혀냈습니다. 전자의 파장은 수 밀리미터에서 수 나노미터까지 목적에 따라 바꿀 수 있습니다. 외부에서 가하는 에너지에 따라 전자의 에너지가 변하면서 파장이 바뀌기 때문이지요. 사실 전자현미경과 광학현미경 모두 물체 이미지를 얻는 원리는 매우 유사합니다. 광학현미경은 가시광선을 렌즈로 모아 이미지를 얻고, 전자현미경은 자기장을 이용해 전자빔electron beam을 모읍니다. 다만 광학현미경과 달리 전자현미경에서 전자빔이 지나가는 내부 공간은 진공 상태입니다. 진공이 아니면 전자빔이 공기 분자와 산란을 일으켜 이미지가 흐릿해지기 때문이죠.

이렇게 탄생한 투과전자현미경transmission electron microscope은 전자빔이 얇게 자른 시료를 투과하여 이미지를 얻습니다. 문제는 상대적으로 두꺼운 물체는 전자가 투과할 수 없어서 볼 수 없다는 것입니다. 이를 해결하기 위해 주사전자현미경scanning electron microscope이 등장했습니다. 주사전자현미경은 물체에 전자빔을 쏘고 물체 표면에서 반사된 전자를 모아 주사scanning하여 이미지를 얻습니다. 그 덕에 물체의 두께에 상관없이 이미징이 가능하지만 물체 표면의 전하에 영향을 받는다는 단점이 있습니다. 전자가 (−)전하를 갖고 있기 때문에 물체 표면의 전하에 따라 이미지가 왜곡될 수 있죠.

그러나 이러한 문제도 물질 표면을 비전도성 물질로 코팅하면 해결할 수 있습니다.

나노 물체의 표면을 분석하는 또 다른 방법으로 주사터널링현미경scanning tunneling microscope이 있습니다. 1981년에 개발된 이 기술은 양자역학에서 전자가 보여주는 터널링tunneling 현상을 이용합니다. 터널링 현상이란 마치 사람이 벽을 통과하듯이 입자나 파동이 고전역학상 통과할 수 없는 에너지 장벽을 통과하는 현상입니다. 양자역학에 따르면 세계에서는 입자성뿐 아니라 파동성도 나타납니다. 전자 역시 에너지 장벽을 지나면서도 파동성을 유지할 수 있고 따라서 에너지 장벽을 향해 운동하는 전자의 운동을 파동함수로 계산할 수 있습니다. 이 계산에 따르면 장벽 너머에서 전자가 발견될 확률값은 0이 아닙니다. 다시 말해 확률적으로는 전자가 터널을 뚫듯이 벽 너머에도 존재할 수 있는 것입니다.

주사터널링현미경은 전자의 터널링 현상을 표면 분석에 응용한 장비입니다. 전도성 팁을 물체 표면에 닿지 않을 정도로만 가까이 놓은 상태에서 팁과 시료 사이에 전압을 걸어줍니다. 팁과 물체 표면이 서로 닿아 있지 않아도 터널링 현상 때문에 상호작용이 발생하고, 이때 흐르는 전류를 측정해 표면 이미지를 얻습니다. 전자를 이용하기 때문에 최대 0.01나노미터 정도의 해상도를 가질 수 있습니다. 일반적인 원자들 사이의 간격 단위가 옴스트롱(Å)(0.1나노미터)이라는 점을 고려하면 주사터널링현미경은 개별 원자의 위치까지 볼 수 있을 정도로 높은 해상도를 자랑합니다. 진정한 나노세계 분석이 가능해진 것이지요.

분자로 만든 로봇

20세기에 등장한 전자현미경은 나노세계를 직접 보고 조작할 수 있는 길을 열었습니다. 나노기술이 처음 언급된 것은 1959년에 열린 미국의 물리학자 리처드 파인먼Richard Feynman(1918년~1988년)의 강연 〈극소공학 분야에 무한한 가능성이 있다There's Plenty of Room at the Bottom〉에서였습니다. 파인먼은 "나노기술이 발달한 미래에는 분자 수준의 입자들을 직접 조작해 미세한 임무를 수행하거나 엄청난 양의 정보를 아주 작은 공간에 담는 것이 가능할 것"이라고 예측했습니다. 물론 당시에는 실현할 방법이 없었기 때문에 이론적인 예측에 머물렀지만요.

어떤 물질이든 나노미터 수준에서 보면 기존과 모습이 다른 경우가 많습니다. 예를 들어 누구도 마다하지 않을 '금'도 우리가 보는 거시세계와 나노세계에서의 특징이 전혀 다릅니다. 우리 눈에 보이는 금은 특유의 노란빛을 띠지만 100나노미터 미만의 금 나노입자는 붉은색으로 보이죠. 덩어리 상태의 금은 가시광선을 흡수하지 않지만 나노입자는 녹색 계열 가시광선을 흡수하기 때문에 보색에 해당하는 적색광이 반사되어 붉게 보이는 것입니다.

이렇듯 나노세계에서 물질의 성질이 달라지는 근본적인 이유는 크기가 작아지기 때문입니다. 앞서 살펴봤던 양자역학이 적용되는 미시세계 수준에서는 입자들의 본질적 불연속성이 두드러지기 때문이기도 합니다. 덩어리 상태의 물질은 수많은 입자 때문에 불연속성이 보이지 않지만 나노세계에서는 가려졌던 입자의 불연속성이 드러나면서 새로운 특성이 있는 것처럼 보이게 되죠. 점묘화가 멀리서는 매끄러운 면으로 보이지만 가까이 오면 수많은 점으로 이루어져 있는 게 보이듯이 말입니다.

일반적으로 나노미터 수준의 구조물 제작 방법으로는 큰 물질을 잘게 쪼개는 '톱다운기술top-down technology'과 작은 물질을 조립해서 크게 만드는 '보텀업기술bottom-up technology'이 있습니다. 이 중 '톱다운기술'이 먼저 등장했는데 눈에 보이는 크기의 물질을 깎는 개념이라서 상대적으로 익숙하고 쉬웠기 때문입니다. 화학 물질을 이용해 선택한 부위만 녹여 없애거나 강한 빛으로 특정 부위만 제거하는 게 대표적인 방법입니다. 하지만 이 방법으로는 특정 크기 이하의 구조를 만들 수 없습니다. 광학현미경의 한계와 마찬가지로 가시광선의 파장보다 작은 나노미터 수준의 구조를 만들기는 매우 어렵기 때문이지요.

톱다운기술의 문제점을 해결하기 위해 등장한 '보텀업기술'은 나노입자보다 작은 원자나 분자를 조립해 나노구조물을 만드는 방법입니다. 대표적으로 자가조립self-assembly 기술을 이용하는데 가장 작은 단위 물질 간에 일어나는 독특한 상호작용을 통해 스스로 더 큰 구조를 만드는 원리입니다. 물론 모든 물질이 자가조립이 가능한 것은 아닙니다. 자가조립은 분자 간에 특정한 결합이 가능해야만 나타나는 현상이기 때문이지요. 이 외에 세포 창조 원리를 모방해 아주 기본적인 세포 물질을 제작하는 것에서 시작해 점차 복잡한 나노구조물을 만들기도 합니다. 세포를 둘러싼 세포막을 지방 유기 화합물로 구현하고 다양한 화학반응을 프로그래밍해 무기물 형태의 인공세포를 만듭니다. 더 나아가 인체의 세포들이 모여 기관과 장기를 이루듯이 인공세포에서 인공장기를 만듭니다.

나노기술을 상상할 때 가장 쉽게 떠오르는 이미지는 '나노기계nanomachine', 곧 크기가 아주 작아서 혈관을 통해 몸 곳곳을 누비며 필요한 동작을 수행하는 기계일 것입니다. 이런 기술이 상용화된다면 의학적 활용 가능성이 무궁무진합니다. 특정한 암세포만 제거하거나 문제가 있는 혈관만 고칠 수도 있고 필요한 구조물을 몸 안에 만들 수 있을지도 모릅니다.

나노기계를 개발하고 상용화하기까지는 아직도 많은 장애물이 남아 있지만 2016년 노벨 화학상 주제인 '분자기계molecular machine'는 나노기계를 언젠가 만들 수 있다는 가능성을 보여주었습니다. 일반적으로 '기계machine'란 빛, 전기, 열, 화학 등 에너지를 받아 일정한 운동이나 일을 하는 물체를 뜻합니다. '분자기계'란 외부 에너지를 받아 아주 작은 분자 단위에서 기계적 거동을 구현한 것입니다. 예를 들어 '로탁세인rotaxane'이라고 불리는 분자기계는 아령 주위를 커다란 띠가 두르고 있듯이 막대 모양 분자에 분자 고리가 연결되어 있어 축을 중심으로 고리가 움직일 수 있습니다. 로

탁세인을 활용해 사각형 고리가 구조물을 축으로 삼아 움직이는 '분자셔틀', 고리가 수직으로 움직이는 '분자엘리베이터'를 만들었습니다. 또한 '분자모터'를 사용하여 분자 수준의 4륜 구동 자동차를 만드는 것도 가능해졌습니다.[1]

최근에는 나노보다 더 작은 피코$_{pico}$(10^{-12}), 펨토$_{pemto}$(10^{-15}) 단위 미터를 다루는 기술들도 등장하고 있습니다. 물론 상용화하기에는 이르지만 기술 발전은 예상을 뛰어넘는 속도로 일어나기도 하지요. 나노기술이 적용되면 분자기계뿐 아니라 반도체, 광학 센서, 태양광 전지 등 수없이 많은 분야가 완전히 달라질 것입니다. 원자에서 전자, 소립자까지 점차 작은 단위를 구분해냈듯이 나노기술도 언젠가는 '피코기술'이라는 더 작은 세계를 다루는 단계로 나아갈 것입니다.

더 촘촘한 시간으로 보다: 방사광가속기의 탄생

과학자들은 공간뿐 아니라 시간적으로도 더 짧은 간격으로 촘촘하게 물질의 변화를 관찰할 방법을 찾기 시작했습니다. 변화 과정과 원리를 더 정확하게 파악하기 위해서였죠. 이러한 기술을 실현하려면 빛의 파장이 짧아져야만 했습니다.

전자현미경에서 보았듯이 빛의 파장은 에너지와 반비례합니다. 다시 말해 빛의 파장이 짧아질수록 에너지가 커지고 빛의 파장이 길어질수록 에너지가 작아집니다. 이런 현상을 잘 보여주는 사례가 바로 자외선을 이용한 살균입니다. 파장이 400나노미터보다 짧은 자외선은 상대적으로 에너지가 커서 세균 같은 생물체에 치명적입니다. 반면 700나노미터보다 긴 적외선 파장은 뜨뜻한 열만 쬐어줄 뿐 큰 피해는 없지요. 파장이 짧아질수록 에너지가 커진다는 사실은 X선이 위험한 이유를 설명해줍니다. X선은 자외선보다 파장이 훨씬 짧기 때문에 짧은 노출 시간만으로도 몸에 해를 끼칠 수 있습니다.

빛의 파장과 에너지가 반비례하기 때문에 외부에서 가하는 에너지를 증가시키면 빛의 파장은 짧아집니다. 이런 현상을 이용한 대표적인 과학 장치가 바로 입자가속기particle accelerator입니다. 입자가속기는 말 그대로 전기에너지를 가해서 입자를 가속시키는 장치로, 입자 간 충돌과정에서 벌어지는 상호작용을 연구하는 데 활용됩니다. 방사광가속기synchrotron radiation는 더 나아가 입자를 가속시켜 만들어지는 다양한 빛 에너지를 활용합니다.[2] 전자총에서 나온 전자를 선형가속기에서 증폭시킨 뒤 저장링에 저장했다가 극을 가진 빔라인을 통해 전자의 진행 방향을 꺾어 빛 에너지를 방출시키는 원리죠.

보통 방사광가속기를 건설하려면 수천억 원에서 수조 원까지 큰 비용이 필요하고, 건설한 뒤에도 매년 수십억 원에 달하는 전기료를 내야 할 만큼 막대한 전기를 사용해야 합니다. 이렇게 많은 비용이 드는 방사광가속기가 필요한 이유는 무엇일까요? 방사광가속

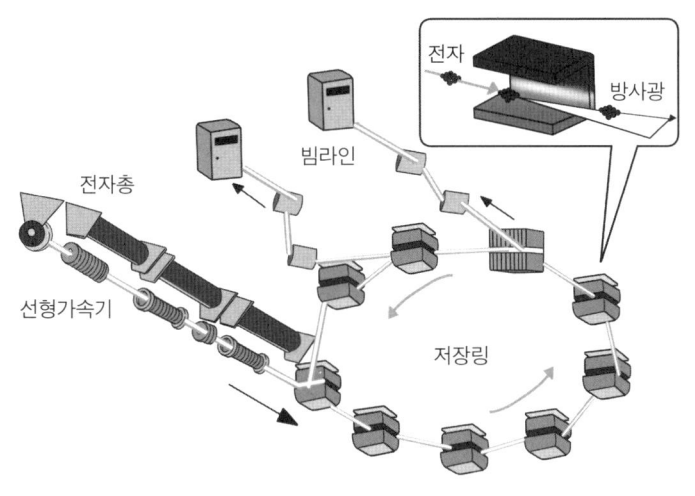

(24) 방사광가속기 원리
선형가속기에서 발사된 전자들이 저장링에 의해 각도가 바뀌어 직진하면서 점차 가속된다.

기가 폭넓은 에너지 영역에서 압도적으로 밝은 빛을 제공하기 때문입니다. 일반적인 실험실에서 사용하는 X선과 비교하면 몇만 배이상 밝아서 시공간 차원에서 질적으로 전혀 다른 데이터를 얻을 수 있죠. 예를 들어 이전에는 구분할 수 없었던 단백질 구조의 결합을 정확하게 볼 수 있게 되고, 너무 빨라 볼 수 없었던 입자의 변화를 쉽게 알 수 있습니다. 그 덕분에 비아그라 같은 신약이 탄생하기도 했습니다.

우리나라에는 포항에 2개의 방사광가속기가 있습니다. 하나는 1993년에 지어진 3세대 원형 가속기이고 다른 하나는 2015년에 지어진 4세대 방사광가속기입니다. 3세대 가속기에서도 다양한 실험을 할 수 있는데도 4세대 가속기를 만든 이유는 전보다 훨씬 강한 방사광을 만들어내기 위해서입니다. 4세대 가속기는 3세대 가속기보다 1억 배 정도 강한 빛을 이용할 수 있습니다. 그 덕분에 1,000조 분의 1초라는 정말 찰나의 순간에 일어나는 변화도 분석할 수 있게 됐습니다.

물론 3세대 가속기를 활용하지 않는 것은 아닙니다. 3세대 가속기에서 할 수 있는 실험들에 4세대 가속기에서 할 수 있는 실험들이 더해진 것이지요. 4세대 가속기에서는 강한 빛을 이용하는 만큼 시료의 데이터를 한 번밖에 얻을 수 없고 시료가 방사광을 맞은 뒤 변형된다는 단점도 있습니다. 반면 3세대 가속기는 상대적으로 빛의 세기가 약한 대신에 시료 손상이 적습니다. 또한 4세대 가속기는 선형이어서 사용할 수 있는 빔라인이 적은 반면 3세대 가속기는 원형 구조여서 여러 빔라인을 쓸 수 있습니다. 따라서 두 가속기는 서로의 장단점을 보완해주는 실험 시설이라고 보는 게 맞습니다.

입자가속기는 이용하는 입자에 따라 양성자·중입자·중이온 가속기로 나눌 수도 있습니다. 전자를 이용하는 방사광가속기와 달리 양성자·중이온·중입자를 가속시켜 용도에 맞게 활용하는 것이죠. 양성자가속기나 중입자가속기는 기존 방사선보다 암세포 살상력이 높고 선택한 부위에만 조사照射할 수 있어 여러 암세포 치료에 활용됩니다. 중이온가속기는 양성자나 헬륨을 제외한 이온을 가속시켜 다른 원자핵과 충돌하는 과정에서 발생한 핵반응을 이용합니다. 이를 통해 평소에는 얻을 수 없는 희귀 동위원소를 관측할 수 있어서 핵물리학의 기초과학 연구나 신소재 개발 등에 활용됩니다.

학위 기간에 연구실 동료와 함께 방사광가속기로 연구를 한 적이 있습니다. 살아 있는 쥐의 폐를 이미징해서 데이터를 얻는 실험이었지요. 건강검진에서처럼 상용화된 X선을 이용하면 쉽게 폐의 모습을 볼 수 있지만 이 이미지는 2차원 이미지입니다. 당시 수행했던 연구는 2차원 이미지에서 3차원 이미지를 만들어내는 것이었습니다. 단면뿐 아니라 전체적인 폐의 모습, 폐가 들숨과 날숨에 따라 어떻게 움직이는지를 3차원 이미지로 만들어 폐 내부를 실시간으로 정확하게 파악했죠.

이 실험을 좀더 살펴보겠습니다. X선은 대상 물체를 모두 투과하기 때문에 X선을 통해 얻는 이미지는 모두 2차원입니다. 2차원 이미지로 3차원 이미지를 만드는 방법 중 하나는 여러 각도에서 동일한 물체를 회전시키면서(또는 카메라가 회전하면서) 여러 이미지를 얻어 합치는 것입니다. 치과에 있는 3D CT가 대표적인데, 눈을 감고 가만히 있으면 얼굴 주위로 기계가 회전하면서 여러 각도에서 이미지를 얻어 3차원 이미지를 만들어줍니다. 치아는 잠시만 얼굴을 움직이지 않으면 비교적 쉽게 이미징이 가능하지요.

하지만 폐는 이미징이 훨씬 어렵습니다. 폐, 심장 등 신체기관은 생명 활동을 위해 끊임없이 움직이기 때문입니다. 게다가 개복하는 순간, 폐는 안팎의 압력 차이로 인해 찌그러지면서 원래 모양을 잃어버리게 됩니다. 다시 말해 폐의 진짜 모습은 X선 같은 비개복 방식이나 투과 방식을 통해서만 알 수 있습니다. 또한 3차원 이미지를 얻으려면 여러 각도에서 X선을 이용해 2차원 이미지를 찍어야 하는데, 이때 한 장이라도 흐릿하게 찍히면 3차원 이미지를 만들기가 어렵습니다. 따라서 실제 사람을 대상으로 이미징하기에는 한계가 있죠. 이 실험에서는 쥐에게 인공호흡기를 연결해 호흡을 제어하면서 특정 순간(들숨 또는 날숨)마다 이미지를 얻어 3차원 이미지를 만들었습니다.

그렇게 방사광가속기를 이용해 최초로 살아 있는 상태에서 폐포 단위까지 3차원 이미지를 얻는 데 성공했습니다. 시공간 해상도가 훨씬 높았기 때문에 3차원 이미징이 가능했던 것이지요. 또한 들숨과 날숨 때 폐가 변화하는 짧은 순간을 포착해 각 상태에서 폐가 어떤 모양인지 보고하기도 했습니다. 물론 이때 얻은 실험 데이터가 완벽하지는 않습니다. 우선 쥐의 폐포 이미지이기 때문에 실제 사람의 폐포와 다르게 거동할 수 있겠지요. 또한 약간의 보정을 거치는 과정에서 이미지가 왜곡됐을 수도 있습니다. 그렇지만 폐포의 실제 모습을 시각화해서 볼 수 있다는 점, 질병에 걸린 폐포가 정상 폐포와 어떤 차이점이 있는지를 비교해서 볼 수 있다는 점에서 폐의 이해에 도움을 줄 수 있는 연구이기도 했습니다.

(2장)

패턴을 파악하라

AI기술이 밝히는
인간 지능의 비밀

아주 커다란 계산기

'제4차 산업혁명'이라는 단어가 나온 게 벌써 몇 년 전입니다. 그 뒤 '메타버스metaverse'도 혜성같이 등장했지만 빠르게 사라졌죠. 요즘에는 챗GPT가 눈부시게 발달하며 많은 분야에서 각광받고 있고 생성형 AI기술의 발전도 빼놓을 수 없습니다. 이미 코딩 분야에서는 AI가 요청에 따라 사람보다 훨씬 더 정확한 코드를 신속하게 제공합니다. 글쓰기, 그림 그리기, 사진 찍기 등 인간만이 가능한 영역이라고 여겨졌던 창작의 세계에서도 AI기술이 영향력을 넓혀가고 있지요. 컴퓨터나 AI 분야에서는 단 1년 뒤에 어떤 기술이 새롭게 등장할지 점점 예측하기 어려워지고 있습니다.

computer는 '계산하다'라는 뜻의 라틴어 'computare'에 '~하는 사람'을 뜻하는 '-er'이 합쳐져 만들어졌습니다. 디지털 컴퓨터가 보편화된 요즘에는 굳이 계산하는 사람이 필요할까 의아하겠지만 과거에는 물리학자들이 계산원을 고용해 단순계산을 하기도 했습니다. 그러나 20세기 과학기술이 급격하게 발전하면서 필요한 계산량이 인간이 감당할 수 있는 수준을 넘어서버렸죠. 이 문제를 해결하기 위해 인간이 하던 계산을 똑같이 할 수 있는 전자 장비, 곧 전자 컴퓨터가 등장했습니다. 가장 기본적인 전자 컴퓨터는 이진법을 사용해 논리 연산을 수행했죠.

전자 컴퓨터가 본격적으로 개발되기 전에도 뛰어난 인물들이 컴퓨터의 모체를 만들었습니다. 기계식 계산기라고도 불리는 최초의 장치는 1642년, 프랑스의 수학자이자 물리학자인 블레즈 파스칼Blaise Pascal(1623년~1662년)이 발명했죠. 세금 계산을 쉽게 할 방법을 고민하다가 탄생한 이 최초의 계산기는 톱니바퀴를 이용해 덧셈과 뺄셈 정도만 할 수 있었습니다. 이후 영국의 수학자 찰스 배비지Charles Babbage(1791년~1871년)는 범용적 계산이 가능한 최초의 기계를 구상하면서 '해석기관analytic engine'이라고 이름 붙였습니다.

오늘날 프로그래밍 기술의 전신도 19세기에 등장했습니다. 영국의 수학자인 에이다 러브레이스Ada Lovelace(1815년~1852년)는 배비지의 해석기관을 이용해 베르누이 수Bernoulli numbers를 구하는 알고리즘 또는 프로그램을 작성했습니다. 비록 해당 프로그램을 적용할 해석기관이 완성되지 않아 실제로 프로그램이 작동하는지는 확인하지 못했지요. 러브레이스는 프로그래밍에서 가장 기본적인 구조인 루프문, 조건문 같은 제어문이나 '값을 구할 때 중요한 건 그 값을 구하는 방정식 중 비용이 가장 적은 방정식을 선택하는 것이다' 같은 원리를 제시하기도 했습니다. 그 외에 자연현상을 수치화해 음악을 작곡하거나 그림을 그리는 등 훗날 디지털 시대에 펼쳐질 컴퓨터 기능을 예언했지요.

인간의 뇌를 모방하다

컴퓨터는 인공지능artificial intelligence, 곧 AI가 탄생하기 위한 필수 요소였습니다. 컴퓨터라는 하드웨어가 있었기 때문에 AI라는 소프트웨어가 탄생할 수 있었으니까요. 영국의 앨런 튜링Alan Turing(1912년~1954년)이 만든 튜링 머신Turing machine, 초기 컴퓨터인 전자식 숫자 적분 및 계산기Electronic Numerical Integrator And Computer(에니악ENIAC), 개인용 컴퓨터를 거쳐 누구나 주머니 속에 작은 컴퓨터를 갖고 다니는 시대가 되었습니다.

그렇다면 AI란 무엇일까요? 일반적으로 AI는 '튜링 테스트Turing test'를 통과해야 합니다. 튜링 테스트란 기계가 인간과 얼마나 비슷하게 대화할 수 있는지를 판별하는 테스트입니다. 제3자가 어느 쪽이 기계이고 인간인지 모르는 상태에서 대화를 나누면서 이 둘을 구분할 수 없으면 통과이지요. 인간이 보기에 인간 같은 것을 고르는 테스트라서 완벽하지는 않지만 애초에 지능을 정의하는 일 자체가 쉽지 않기 때문에 이 방법이 최선이라고 할 수 있습니다.

인간이 경험을 쌓으며 성장하듯이 AI는 데이터를 학습하며 변화합니다. AI의 학습 방법은 다양하지만 일반적으로 '기계학습>인공신경망>딥 러닝'의 관계로 파악합니다. 기계학습machine learning은 알고리즘이 데이터 패턴을 학습하는 방법으로, 알고리즘의 결과물을 사람이 판단해 정답을 정해주면 알고리즘이 큰 특징을 파악하는 과정을 반복하며 오류를 줄여나갑니다. 정답을 정해주지 않는 비지도학습unsupervised learning, 정답일 경우 보상을 주는 강화학습reinforcement learning도 기계학습에 포함됩니다.

　기계학습 방법 중에서 인공신경망artificial neural network이란 인간의 신경세포인 뉴런 구조를 모방한 모형으로, 학습 과정에서 가중치를 둔다는 특징이 있습니다. 뉴런은 기본적으로 다른 뉴런과 아주 미세한 전기 신호를 주고받으며, 신호가 역치 전위에 도달하면 다른 뉴런에 출력 신호를 전달합니다. 인공신경망에도 뉴런과 비슷하게 각 노드가 연결되어 있습니다. 이때 노드마다 가중치를 바꿔가며 계산을 수행하면서 가장 정확도가 높은 가중치의 경우에만 해당 노드가 활성화되어 다음 노드로 데이터를 전달합니다. 이렇게 가중치를 조절해가며 신경망의 예측 정확도를 개선하고, 많은 데이터를 학습시킬수록 모형의 정확도가 올라가지요.[3] 인공신경망 개념이 처음 등장한 것은 1940년대였으나 컴퓨터기술과 데이터 수집 방법의 한계로 발전이 매우 더뎠습니다. 하지만 2000년대에 컴퓨터기술이 발전하고 인터넷이 보급되면서 방대한 데이터를 사용할 수 있게 되었고, 2006년에는 딥 러닝deep learning이라는 기술까지 새롭게 등장했습니다.

　'딥 러닝'이란 이름 그대로 학습하는 방법이 더욱 심화된 버전입니다. 다층인공신경망multi-layer neural network technology이라고도 불리는 이 기법은 기존 인공신경망을 여러 층으로 쌓은 구조입니다. 인공신경망에서 가중치를 정하는 층이 여러 개이기 때문에 더 많은 조건을 사용함으로써 더 정확하게 추론할 수 있지요. 알고리즘이 자체 신경망을 통해 계산이 얼마나 정확한지 스스로 판단하고 값을 수정할 수도 있습니다. 기계학습으로 여러 값 사이의 오차를 계산한 다음 역계산하는 것이죠. 이전 기계학습 모델은 사용자가 계산값을 보고 정확도를 판단해줘야 했다면 딥 러닝을 이용한 학습은 그 과정이 생략되어 이미지 인식, 데이터 처리 등에서 더욱 빠르게 정확한 값을 찾아낼 수 있습니다.

또한 딥 러닝은 이미지 합성과 생성처럼 기존에는 접근하기가 어려웠던 분야에도 활용할 수 있습니다. 딥 러닝을 통한 이미지 생성의 경우, 이미지를 생성하는 생성자와 생성자가 만든 데이터를 판별하는 판별자를 둡니다. 생성자와 판별자가 서로 경쟁적으로 이미지를 만들고 판단하기를 반복하면서 원본과 유사한 이미지를 만들어내지요. 비슷하게 AI 스피커에서는 딥 러닝을 통해 사용자의 음성 진위 여부를 파악합니다.

AI가 완벽하다는 착각

2022년 11월 말, 챗GPT의 등장은 전 세계에 생성형 AI가 어느 정도까지 발전했는지를 보여주며 큰 충격을 안겼습니다. 챗GPT, 깃허브 코파일럿GitHub Copilot, 스테이블 디퓨전Stable Diffusion 등 생성형 AI 응용프로그램은 알파고AlphaGo와 달리 누구나 프로그램을 응용하고 프로그램과 소통할 수 있습니다. 최근 생성형 AI는 기존 챗

봇보다 훨씬 더 자연스러운 대화가 가능합니다. 잘못된 정보를 제공하면 실수를 인정하기도 하고, 범죄에 필요한 정보 등 도덕적으로 부적절한 요청을 받았다고 판단하면 대답을 거절하기도 하지요. 또한 대부분의 AI 챗봇이 이전 대화를 기억하지 않는 반면 챗GPT는 사용자와 전에 나눴던 대화를 기억하고 대화에 반영함으로써 더욱 실제 인간과 대화하는 느낌을 줍니다.

사실 생성형 AI가 제공하는 내용 자체가 엄청나게 독창적인 것은 아닙니다. 하지만 질문을 이해하고 답변을 한다는 점, 요구에 맞춰 결과를 만들어낸다는 점에서 차별점이 있습니다. 기존 데이터를 단순히 가공하거나 분석하는 것을 넘어서서 독창적인 콘텐츠를 만들 수 있게 된 것이지요. 이는 AI에 특정 개념을 학습시키는 것이 아니라 데이터 원본을 제공하고 나머지 부분을 예측하도록 유도해 그 과정에서 추상적인 표현을 학습시키기 때문입니다. 입력한 학습 데이터와 유사한 데이터를 생성하기 때문에 원본과 유사하지만 다른 결과물이나, 실존하지는 않지만 있을 법한 새로운 창작물을 만들 수 있죠. 텍스트만 입력하면 누구나 손쉽게 그림을 얻을 수 있는 이미지 생성 AI가 대표적인 사례입니다.

최근에 발표된 GPT-4의 경우에는 이전 챗GPT보다 훨씬 더 발전했습니다. 텍스트만 인식하는 게 아니라 사진이나 그림 속 맥락도 이해하지요. 예를 들어 줄에 풍선이 여럿 매달려 있는 그림을 보여준 뒤 "줄을 자르면 어떻게 될까?"라고 물어보면 "하늘로 날아갈 것"이라고 답하는데, 이는 GPT-4가 그림 속 상황을 정확히 이해할 뿐만 아니라 공기보다 가벼운 물체는 떠오른다는 개념까지 고려한다는 뜻입니다.

그러나 AI도 인간처럼 잘못된 추론을 하곤 합니다. AI가 잘못된 정보를 제공하는 행위를 환각hallucination이라고 하는데, 챗GPT의 경우에는 환각률이 약 15~20퍼센트입니다. 답변 중 10퍼센트 넘게 거짓일 수 있다는 뜻입니다. AI의 환각률이 낮아지는 방향으로 개선된다고 하더라도 AI가 제공하는 정보가 사실일지 한 번쯤은 사용자 스스로 생각해봐야 한다는 의미이기도 하지요. 또 다른 문제는 학습하는 데이터가 오염되면 AI가 생성하는 데이터 또한 오염되어 도덕적으로 옳지 못한 결과물이 나올 수 있다는 점입니다. 편향되거나 차별적인 내용을 그대로 학습한 결과겠지요. 하지만 AI에게 공정성, 윤리 같은 도덕적 판단을 가능하게 하기란 결코 쉽지 않습니다. 인간조차 도덕성이란 무엇이며 어떻게 도덕을 학습해가는지 명확하게 파악하지 못하니까요. 게다가 오염된 데이터를 학습하여 점점 악화되는 현상인 '가비지 인 가비지 아웃garbage in, garbage out'이 나타날 수 있다는 우려도 있습니다. 이런 점에서 AI 기술은 문서 생성, 간단한 프로그램 코딩 등 정보 탐색에는 유용하지만 복잡한 상황에서 의사 결정을 할 때는 아직 신뢰하기 어렵습니다.

이론상 가장 뛰어난 컴퓨터

오늘날 몇몇 컴퓨터 부품은 크기가 나노미터 수준에 도달했습니다. 예를 들어 회로의 선폭은 14나노미터 정도지요. 이렇게 작은 크기에서는 양자역학적 현상이 실제로 관측됩니다. 터널링 현상이 대표적인데 이런 현상은 컴퓨터에 치명적인 오류를 일으킬 수 있습니다. 일반적으로 컴퓨터는 디지털 신호, 곧 0과 1의 신호로 계산을 처리하는데, 터널링 현상으로 의도치 않게 신호 간의 간섭이

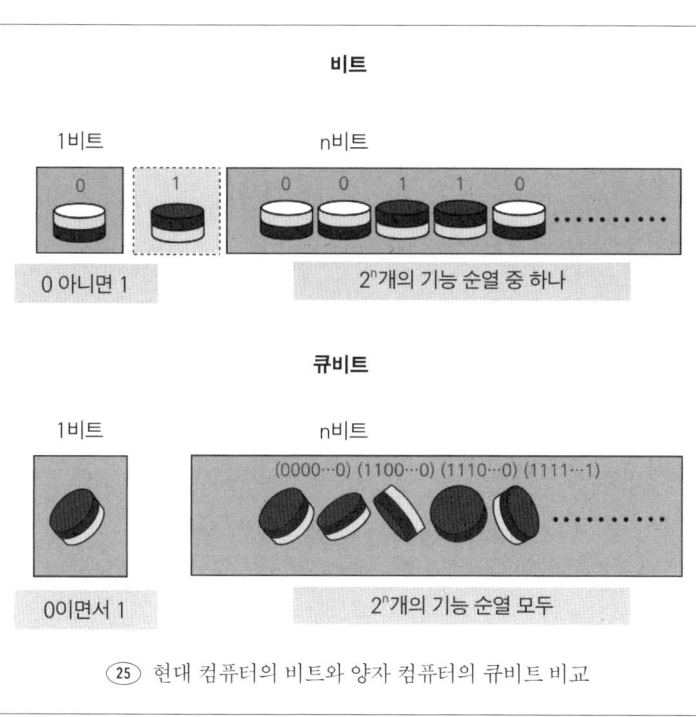

25 현대 컴퓨터의 비트와 양자 컴퓨터의 큐비트 비교

일어나 원래 0이어야 하는 신호가 1로 바뀌는 문제가 발생할 수 있습니다.

이런 문제를 해결하기 위해 아예 양자역학을 이용하는 기술이 바로 양자 컴퓨터quantum computer입니다. 현재의 컴퓨터는 논리회로의 비트bit를 이용해 스위치를 켜거나(1) 끄는(0) 방식으로 데이터를 다루지만 양자 컴퓨터는 큐비트qubit를 이용해 0과 1의 데이터를 중첩적으로 다룹니다. 비트와 큐비트의 정보 표시 방법은 유사합니다. 예를 들어 2개의 비트와 큐비트는 모두 4가지(00, 01, 10, 11) 상태를 나타낼 수 있습니다. 차이점이라면 비트는 한 번에 한 가지 상태만 나타낼 수 있는 반면 큐비트는 가능한 정보의 가짓수를 동시에 표현할 수 있다는 것입니다. 비트가 하나씩 손가락을 세어가며 답을 찾는 방식이라면 큐비트는 한 번에 모든 손가락을 펴고 그중 답을 찾는 방식인 것이지요. 실제로 큐비트 10개만 있어도 양자 컴퓨터는 2^{10}, 곧 1,024비트를 갖는 셈이어서 한 번에 처리하는 정보량이 비트 체계 컴퓨터보다 1,000배 이상 많아 연산 속도가 비약적으로 상승합니다.

컴퓨터에 들어간 슈뢰딩거의 고양이

큐비트를 설명하기 위해 4부에서 살펴본 양자역학 내용을 다시 한번 설명하겠습니다. 양자역학에서는 존재하는 모든 물질이 입자성과 파동성을 동시에 갖습니다. 그중 파동성 때문에 나타나는 현상이 바로 '양자 중첩quantum superposition'으로, 입자 하나에 여러 상태가 겹쳐 있는 것입니다. 다시 말해 하나의 입자가 동시에 여러 가지 상태로 존재할 수 있지요. 하지만 입자의 상태를 외부에서 눈으로 확인하거나 상호작용을 통해 관측하려고 하면 중첩 상태는 깨지고 맙니다. 상태를 측정하기 전에는 동시에 여러 상태로 존재할 수 있지만 외부와 상호작용하는 순간 하나의 상태로 고정되면서 다른 상태들은 붕괴해 없어지는 것이죠.

양자 중첩 상태에서 나타나는 또 하나의 대표적 현상은 '양자 얽힘quantum entanglement'입니다. 말 그대로 아주 멀리 떨어진 두 양자가 서로 영향을 주고받으며 '얽혀 있다'는 뜻입니다. 두 양자가 아무리 멀리 떨어져 있어도 영향을 주고받는 속도는 빛보다 빠르기 때문에 양자 하나의 상태가 관측되면 동시에 다른 양자의 상태도 결정됩니다. 예를 들어 한국과 영국에 각각 상자가 있는데 두 상자 중 하나에만 고양이가 들어 있다고 가정해봅시다. 만약 한국에서 상자 뚜껑을 열었을 때 안에 고양이가 있다는 게 확인되면 그 순간 영국에 있는 상자는 '고양이 없음' 상태로 결정됩니다. 반대로 한국의 상자에 고양이가 없다면 동시에 영국에 있는 상자에는 '고양이 있음' 상태로 확정됩니다. 핵심은 한국이나 영국 둘 중 한 곳에 있는 상자만 관측하면 된다는 것입니다. 상자끼리 거리가 아무리 멀어도 상자 하나의 상태만 확인하면 사실상 동시에, 빛보다 빠르게 다른 상자의 상태가 결정되기 때문입니다.

양자 컴퓨터에서는 이런 양자 얽힘 현상을 이용해 계산을 합니다. 양자 컴퓨터의 큐비트는 전자의 스핀spin 방향에 따라 값이 결정됩니다. 스핀은 외부에서 주어진 자기장의 방향과 전자의 회전 방향이 같으면 0, 다르면 1로 표현되는 물리값입니다. 이때 큐비트도 양자 중첩 원리에 따라 관측되기 전까지는 2가지 상태가 중첩되어 존재합니다. 다시 말해 관측 전까지 시계 방향 회전과 반시계 방향 회전이 50퍼센트의 확률로 공존하는 것이지요. 그러다가 연산을 위해 큐비트를 관측하면 해당 큐비트의 값이 0 또는 1로 정해지게 됩니다.

이러한 특징 때문에 양자 컴퓨터와 기존 컴퓨터의 가장 큰 차이점인 계산 방법 차이가 나타나게 됩니다. 예를 들어 비밀번호를 모르는 다이얼 자물쇠가 있다고 가정해봅시다. 기존 컴퓨터는 비밀번호를 하나씩 차례대로 시도하면서 맞는 번호가 나올 때까지 반복합니다. 반면 양자 컴퓨터는 상태가 중첩될 수 있다는 전자의 특징을 활용하기 때문에 전자를 한 번에 보내 동시에 여러 가지 경우의 수를 조사할 수 있습니다. 큐비트 하나에는 0과 1이라는 두 상태가 중첩될 수 있으므로 큐비트가 5개 쓰였다면 00000부터 11111까지 2^5, 곧 32개의 중첩 상태(00000~11111)가 만들어지죠. 이때 큐비트 하나의 상태만 정해도 양자 얽힘에 따라 다른 4개 큐비트 상태까지 전부 결정됩니다. 계산 과정에서 큐비트 상태가 0인지 1인지 하나하나 정해줄 필요가 없다는 것이죠.

양자 컴퓨터는 인터넷 보안 시스템에도 활용할 수 있습니다.

보통 비밀번호가 길수록 해독하는 데 더 많은 시도와 연산이 필요하기 때문에 보안성이 높아집니다. 1,000자리 이상의 비밀번호를 해독하는 데 기존 컴퓨터의 연산 방법으로는 수백억 년이 넘게 걸릴 수도 있습니다. 하지만 양자 컴퓨터는 확률을 통해 오답을 배제하기 때문에 연산 횟수를 줄여 소요 시간을 획기적으로 단축시킵니다. 또한 교통 상황이나 날씨처럼 초기값이 조금만 바뀌어도 결과가 현격히 달라지는 문제들을 푸는 데에도 양자 컴퓨터가 기존 컴퓨터보다 훨씬 더 효과적입니다.

엄밀히 말해 양자 컴퓨터가 풀 수 있는 문제를 현재의 컴퓨터로도 모두 풀 수 있습니다. 훨씬 더 많은 돈과 시간이 필요할 뿐이지요. 또는 현재 지구상에 있는 모든 컴퓨터를 동원해도 다룰 수 없을 정도로 방대한 데이터를 이용해야 하거나 아주 긴 시간이 걸리는 계산들이 있습니다. 이론적으로는 현재 컴퓨터로도 계산할 수 있다고 할지라도 현실적으로는 문제를 풀기 어렵습니다. 이때 양자 컴퓨터는 계산 횟수를 줄임으로써 새로운 해결 방법을 제시하는 것이지요.

특이점은 올 것인가

양자 컴퓨터가 실제 하드웨어로 구현된 건 1995년이었습니다. 이후 수십년 간 여러 연구진이 광학optics, 이온, 초전도링superconductive ring 등 다양한 방법으로 양자 컴퓨터를 만들기 위해 시도했지만 2000년대 들어서도 성능은 일반 컴퓨터에 훨씬 못 미쳤습니다.

양자 컴퓨터를 구현하기가 까다로운 가장 근본적인 이유는 양자역학이 적용되는 입자의 불확정성입니다. 기존 컴퓨터는 0과 1의 신호를 명확하게 구분할 수 있지만 양자 컴퓨터는 계산이 끝나기 전까지는 0과 1의 상태를 동시에 갖는 중첩 상태를 유지해야 합니다. 그런데 이 중첩 상태는 외부와의 아주 미세한 상호작용에도 영향을 받아 쉽게 깨집니다. 따라서 주위 환경을 적절하게 조성하고 통제해야만 합니다. 이 '적절한' 주위 환경이란 절대영도에 근접한 극저온 환경과 진공 상태에서 전기 저항이 0에 가까운 초전도체로, 구현하는 데 막대한 비용이 드는 건 당연한 일입니다.

또 다른 문제는 계산에 필요한 수많은 큐비트를 현실에서 관리하기가 어렵다는 점입니다. 큐비트가 늘어날수록 정밀도가 높아지지만 그만큼 큐비트를 관리하기 위해 필요한 요소도 많아집니다. 실질적 활용을 위해 필요한 큐비트 수에 비해 현재 다룰 수 있는 큐비트는 1퍼센트도 되지 않습니다. 따라서 양자역학의 성질을 산업적으로 활용하기 위해서는 큐비트를 유지할 환경을 통제하는 동시에 다룰 수 있는 큐비트 수를 늘려야 하는 양방향의 과제를 해결해야만 합니다.

양자 컴퓨터 상용화가 불가능한 목표는 아닙니다. 지금 이 순간에도 컴퓨터와 AI기술은 우리의 예측을 넘어서서 훨씬 더 급진적으로 발전하고 있으며, '기술적 특이점technological singularity'이라는 새로운 변곡점을 만들 것이라고 예측하는 사람도 있습니다. 기술적 특이점이란 AI가 인류의 지능을 넘어서는 순간을 의미합니다. 이 시점에 도달하면 AI는 스스로 학습하고 개선하면서 폭발적인 기술 발전을 이루게 됩니다. 이는 인간이 기술을 발전시키는 것이 아니라 기술이 기술을 발전시키는 단계라고도 할 수 있습니다.

단순히 계산을 돕기 위해 만들어진 컴퓨터가 어느 순간 인간을 넘어 스스로 개발할 수 있는 단계에 도달한다면 어떤 일이 일어날까요? 종교사적으로는 신이 인간을 창조한 뒤 인간이 신을 부정하며 새로운 관점을 갖게 된 순간에 빗댈 수 있을 겁니다. 컴퓨터기술의 발전은 우리 생활에 더욱 직접적이고 광범위한 영향을 끼치기 때문에 특이점이 오면 어떤 일이 일어날지 현재로서는 쉽게 상상이 가지 않습니다.

3장

신의 입자

현대물리학의
첫 번째 도전

원자보다 더 작은 세계로

20세기 초, 물리학자들은 더 이상 쪼갤 수 없는 것처럼 보였던 원자 내부에도 새로운 입자들이 있다는 사실을 밝혀냈습니다. 전자가 원자핵 주위를 돌고 있고, 양성자와 중성자가 결합한 원자핵이 존재했지요. 수많은 이론과 모형이 탄생했다가 사라졌고 그 과정에서 양자역학이 등장하며 입자의 존재에 대한 새로운 관점을 제시하기도 했습니다.

그로부터 100년이 넘게 지난 지금, 물리학자들은 여전히 '더 이상 쪼개지지 않는 입자'인 기본 입자를 찾고 있습니다. 양성자와 중성자 속에서도 말입니다. 이렇게 기본 입자로 우주를 설명하는 방법을 '표준 모형standard model'이라고 부릅니다. 표준 모형에서는 크게 페르미온permion과 보손boson, 2가지 기본 입자로 우주를 설명합니다. 페르미온은 물질을 이루는 입자이고 보손은 물질 사이의 상호작용에 관여하는 입자입니다.

페르미온은 다시 무거운 '쿼크quark'와 가벼운 '렙톤lepton'으로 나뉩니다. 이때 원자의 구성 요소인 전자는 렙톤, 중성자와 양성

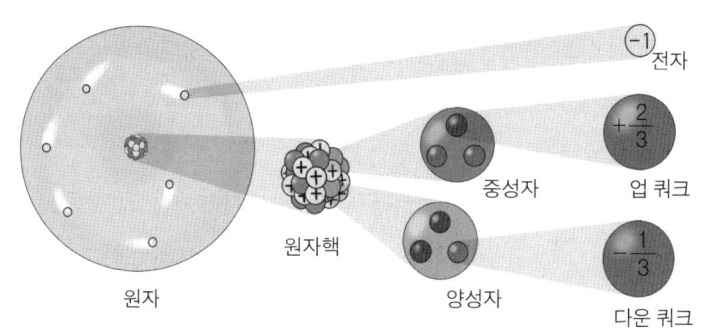

(26) 입자의 세계

자는 쿼크로 이루어져 있지요. 이때 (+)전하를 가진 입자를 업 쿼크up quark, (−)전하를 가진 입자를 다운 쿼크down quark라고 하며 두 쿼크의 조합에 따라 중성자와 양성자의 전하가 결정됩니다. 중성자는 업 쿼크 1개와 다운 쿼크 2개, 양성자는 업 쿼크 2개와 다운 쿼크 1개로 이루어져 있어 서로 다른 전하를 가지죠. 렙톤과 쿼크의 가장 큰 차이점은 독자적으로 존재할 수 있는지 여부입니다. 렙톤은 원자 밖에서도 자유 입자로 존재할 수 있지만 쿼크는 항상 다른 쿼크와 결합한 상태입니다. 따라서 쿼크로 이루어진 중성자와 양성자 역시 항상 결합하여 원자핵을 이루고 있습니다.

보손은 여러 힘을 매개하는 '게이지 보손gauge boson'과 물질에 질량을 부여하는 '힉스 입자Higgs particle'로 나뉩니다. 페르미온과 보손이란 이름은 이들이 각각 따르는 페르미-디랙 통계와 보스-아인슈타인 통계에서 유래했습니다. 이 관점에 따르면 온 우주의 물질은 페르미온 입자 12개(쿼크 6개, 렙톤 6개)와 페르미온 입자들 사이에서 힘을 전달하는 게이지 보손 입자 4개 그리고 힉스 입자의 상호작용을 통해 존재할 수 있습니다.

페르미온과 보손의 또 다른 차이점은 파울리의 배타 원리Pauli exclusion principle를 따르는지 여부입니다. 파울리의 배타 원리란 같은 양자 상태에서 2개의 동일한 페르미온이 존재하지 못한다는 원리입니다. 예를 들어 페르미온인 전자, 양성자, 중성자 모두 같은 스핀값을 가진 입자가 동일한 위치에 존재할 수 없습니다. 입자 간 거리가 너무 가까워지면 서로 밀어내는 반발력이 발생해 구조가 무너지므로 항상 적당한 거리를 유지하지요. 반면 보손 입자인 광자는 중첩이 가능합니다. 그 결과 수많은 입자가 하나의 입자처럼 행동할 수 있습니다.

물리학자들은 페르미온과 보손을 더 작은 입자로 분류했습니다. 페르미온은 무게에 따라 렙톤 또는 경입자, 중간자meson, 중입자baryon로 나뉘며 렙톤에는 가벼운 6개의 입자들, 곧 전자와 전자 중성미자electron neutrino, 뮤온muon과 뮤 중성미자µ-neutrino, 타우입자tau particle와 타우 중성미자tau neutrino가 속합니다. 렙톤은 현재까지 더 이상 쪼갤 수 있는 단위가 밝혀지지 않았기 때문에 완전한 기본 입자로 여겨집니다. 반면 중간자와 중입자는 '쿼크'라는 더 작은 입자로 이루어졌지요. 이때 양성자와 중성자의 쿼크 사이 상호작용에 관여하는 게 보손 입자입니다. 대표적으로는 풀처럼 입자를 묶어놓는 글루온gluon, W입자 등이 있지요. 양자역학적 관점에서는 쿼크와 글루온의 상호작용으로 입자가 확률적으로 존재할 수 있게 됩니다.

자연에는 입자 사이의 상호작용으로 중력, 전자기력, 약력weak force, 강력strong force이라는 4가지 힘이 존재합니다. 우리가 일상에서 쉽게 느낄 수 있는 힘은 아인슈타인의 상대성이론에서 설명된 중력과 맥스웰이 정리한 전자기력입니다. 반면 강력과 약력은 조금 생소한데, 둘 다 쿼크 같은 아주 작은 입자에 작용하는 힘이기 때문입니다. 강력이란 같은 전하를 띤 양성자들이 서로 밀어내려는 힘을 이겨내고 결속하게 하는 힘입니다. 강력은 원자핵이 분열될 때 에너지가 방출되는 핵분열 현상nuclear division에 관여합니다. 약력이란 한 종류의 입자가 다른 종류의 입자로 바뀌면서 작용하는 힘입니다. 약력은 질량수가 큰 원자의 원자핵이 여러 개의 중성자와 원자핵으로 쪼개지며 에너지를 방출하는 베타 붕괴beta decay 현상에 관여하지요. 둘 다 입자 내부에서의 힘이기에 세상을 이루는 보이지 않는 힘이라 할 수 있습니다.

우주를 이루는 입자

한 가지 입자가 더 남아 있습니다. 페르미온과 보손 같은 입자뿐 아니라 태초 빅뱅의 순간 우주에 있는 모든 기본 입자에 질량을 부여한 입자, 바로 '힉스 입자'입니다. 처음 그 존재를 예측한 미국의 이론물리학자 피터 힉스Peter Higgs(1929년~2024년) 박사의 이름을 딴 힉스 입자는 '신의 입자'라는 거창한 별명으로 불리기도 합니다. 피터 힉스가 1964년에 발표한 두 논문에서 예측한 힉스 입자의 존재는 빅뱅을 비롯한 우주 탄생을 설명할 수 있는 중요한 근거가 됩니다. 만약 힉스 입자가 없었다면 어떤 입자도 질량을 가질 수 없을뿐더러 다른 입자와 상호작용할 수 없기 때문에 어떤 물질도 만들어지지 못했겠지요.

힉스 입자의 가장 독특한 점은 그 자체로는 질량이 없으면서도 물질의 성격을 갖는다는 것입니다. 질량이 없는 물질은 상상하기가 쉽지 않지요. 양성자에 비해 훨씬 가벼운 전자도 몇십억 분의 1그램 정도로 아주 작은 질량을 가집니다. 그런데 정작 물질에 질량을 부여하는 힉스 입자는 역설적이게도 스스로는 무게가 없습니다. 따라서 빅뱅 직후의 우주는 엄청난 에너지로 가득 차 있었지만 질량을 가진 입자는 존재하지 않았습니다. 16가지 기본 입자들이 빛의 속도로 돌아다니고 있을 뿐이었지요. 당시 우주는 힉스 입자로 가득 찬 '힉스장Higgs field'이었고 기본 입자들이 이 힉스장을 통과하는 과정에서 속도가 느려지면서 질량을 얻게 되었습니다.

힉스장이 입자에 질량을 부여하는 원리를 예를 통해 살펴봅시다. 힉스장을 수영장이라고 한다면 입자와 힉스장의 상호작용은 수영하는 행위라고 할 수 있습니다. 수영을 빠르게 할수록 물의 저항을 많이 받아 몸이 무겁게 느껴지듯이 입자와 힉스장 간 상호작용이 클수록 입자의 질량이 커집니다. 반대로 상호작용이 작은 경우 입자의 질량이 작아지지요. 이렇게 입자에 질량을 부여하는 과정을 '힉스 메커니즘Higgs mechanism'이라고 합니다. 이때 중요한 역할을 하는 게 '힉스 입자'입니다. 자연에 존재하는 스칼라장scalar field의 진공 상태 대칭성이 자발적으로 깨지며 힉스 입자가 만들어지는데 이것이 다른 입자들과 상호작용하여 질량을 부여하게 됩니다. 그래서 힉스 입자와 강하게 상호작용하는 입자일수록 질량이 커집니다. 한편 빛은 힉스 입자와 전혀 상호작용을 하지 않기 때문에 질량이 없죠.

힉스 메커니즘은 질량에 관해 새로운 관점을 제시합니다. 다시 말해 질량은 뉴턴이 생각했던 것처럼 본질적인 양이 아니라 입자가 힉스장과 상호작용을 하며 발생하는 물리량입니다. 질량이 무거워서 입자의 속도가 느려지는 것이 아니라 힉스장과 상호작용이 클수록 입자의 가속 운동을 방해하기 때문에 속도가 느려지면서 큰 질량이 부여되는 것입니다. 비록 힉스 입자는 빅뱅 때 사라졌지만 모든 우주 공간에는 힉스장이 펼쳐져 있습니다. 중력이 눈에 보이지 않더라도 온 우주에 중력장gravitational field이 펼쳐져 있는 것처럼 말입니다.

1960년대부터 쿼크를 비롯한 다른 기본 입자들이 발견되기 시작했지만 힉스 입자는 그보다 한참 늦은 2012년에야 비로소 그 존재가 확인되었습니다. 우선 힉스 입자를 만드는 일 자체가 극히 어려웠기 때문입니다. 힉스 입자는 태초 빅뱅 시점에 탄생한 입자이기 때문에 빅뱅과 유사한 수준의 에너지를 갖는 환경에서만 관측할 수 있습니다. 입자가속기에서 입자에 엄청난 에너지를 가해 빛의 속도에 근접한 입자들을 서로 충돌시키면 수천 개 입자가 파편처럼 퍼지며 만들어집니다. 그렇게 만들어지는 입자 중에서도 힉스 입자는 매우 적고 만들어지더라도 10^{-22}초 만에 붕괴해 다른 입자로 변합니다. 게다가 힉스 입자가 1,000만 개 만들어져도 그중 0.3퍼센트만 검출할 수 있습니다. 결국 수많은 입자를 충돌시켜 그 중에서 아주 소량의 힉스 입자를 얻어내는 방법밖에 없지요.[4]

갖은 노력 끝에 2012년에 힉스 입자의 존재를 관측하면서 인류가 만든 가장 정교한 이론으로 불리는 표준모형이 완성된 것처럼 보였습니다. 하지만 당시 연구를 주도한 유럽입자물리연구소 CERN의 롤프디터 호이어Rolf-Dieter Heuer(1948년~) 전 소장은 힉스 입자 관측 다음으로 암흑물질dark matter에 대한 연구가 필요하다는 인터뷰를 남겼습니다.[5] 왜일까요? 오늘날의 표준모형이 모든 현상을 완벽하게 설명하지는 못하기 때문입니다. 예를 들어 중성미자는 표준모형에서 처음에는 질량이 없다고 여겨졌지만 타우, 뮤온, 전자 등 3가지 상태로 바뀌면서 질량이 있다는 사실이 밝혀졌지요. 곧 표준모형에도 더 많은 입자를 도입할 필요성이 생겼고 그중 하나가 바로 암흑물질일 수 있다는 뜻입니다.

표준모형에는 또 다른 문제점이 있습니다. 여러 기본 입자와 상호작용을 하는 입자들이 서로 다른 질량을 갖는 이유를 설명하지 못한다는 것입니다. 힉스 메커니즘은 입자의 질량이 부여되는 과정을 설명하지만 왜 각 입자의 질량이 특정한 값이어야 하는지, 곧 상호작용의 크기가 왜 다른지는 여전히 베일에 싸여 있습니다. 그토록 오랜 시간 질량에 대해 탐구했음에도 근원적인 이유는 명확하지 않다는 것이지요.

암흑 너머의 진리

우주에는 우리가 아직 알지 못하는 에너지도 있습니다. 얼마 전인 2023년에도 30년 만에 초고에너지 우주선cosmic ray이 다시 관측되었죠. 이 우주선 또는 빛을 이루는 입자의 에너지는 약 244엑사전자볼트에 달했습니다. 이는 얼마나 강한 것일까요? 태양의 대기에서 일어나는 거대한 폭발을 태양플레어solar flare라고 하는데, 이는 드물긴 하지만 한 번 발생하면 지구 자기장에 엄청난 영향을 끼칩니다. 이 태양플레어의 입자에너지가 수 기가전자볼트입니다. 그러니 초고에너지 우주선은 그보다 약 10^{12}배 더 큰 어마어마한 에너지를 가진 입자인 것이죠. 게다가 이 입자가 어디서 왔는지도 명확하지 않아 과학자들을 더욱 혼란에 빠뜨렸습니다.

과학자들은 이러한 미지의 물질과 에너지에 '암흑'이라는 이름을 붙여 탐구하고 있습니다. '암흑물질'을 검은색 물질이라고 오해할 수 있지만 여기서 '암흑'이란 우리가 전혀 알지 못하는 영역을 뜻합니다. 곧 암흑물질은 우리가 알지 못하지만 이론으로 계산

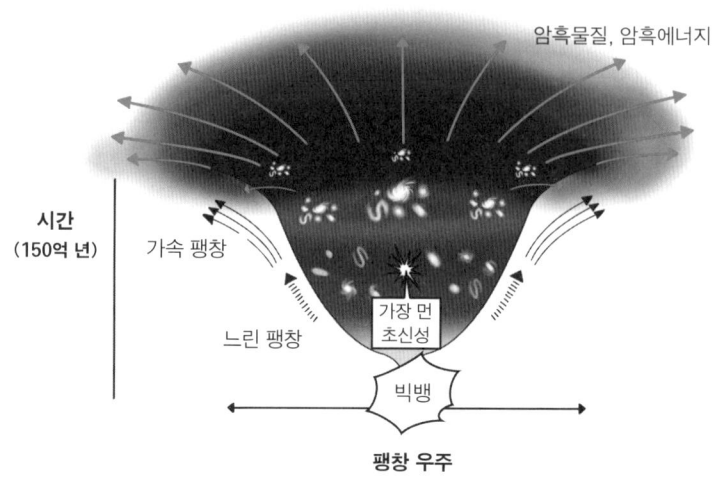

㉗ 우주 팽창을 가속시키는 암흑물질과 암흑에너지

한 질량과 관측으로 계산한 질량을 일치시키기 위해 가정된 가상의 물질입니다. 이 암흑물질은 중력장에 끼치는 영향을 통해 분명히 존재한다고 여겨집니다. 우주에 존재해야 하는 물질의 총량을 중력을 통해 추정해보면 전자기파 관측으로 얻은 일반 물질 총량의 6배에 달합니다. 하지만 전자기파를 비롯한 현존하는 수단으로는 일반 물질을 제외한 물질의 존재를 전혀 관측할 수 없죠. 우리 은하나 안드로메다 은하 같은 은하들은 저마다 자기 질량의 수십에서 수백 배에 달하는 암흑물질에 둘러싸여 있을 것으로 추정됩니다. 은하의 규모가 클수록 더 많은 암흑물질이 있을 것이라고 예상하지요.

　　암흑물질이 존재한다는 구체적 근거는 은하의 회전 속도를 관측한 결과에서 나타납니다. 은하는 중심부에 막대한 질량을 가진 천체를 중심으로 공전하는 별들의 집합체입니다. 케플러 법칙에 따르면 중심부에서 멀어질수록 천체가 받는 중력이 약해지기 때문에 공전 속도가 느려져야 합니다. 하지만 실제 관측 결과에 따르면 은하 중심부와 외곽의 공전 속도 차이가 크지 않습니다. 무언가가 은하 외곽의 별들의 속도를 유지시키고 있는 것입니다. 이때 별들의 질량을 압도할 정도로 큰 질량을 가진 암흑물질이 그 역할을 하리라 추측됩니다.

　　몇몇 은하가 움직이는 속도와 질량도 암흑물질을 가정하지 않으면 설명하기가 어렵습니다. 은하단 중심부에 위치한 은하들의 특이 속도peculiar velocity(우주 전체에 대한 천체나 은하 등의 속도)는 거의 초속 1,000킬로미터에 육박하는데, 이렇게 빠르게 움직이려면 은하들을 잡아둘 정도로 질량이 큰 천체가 은하단 중심부에 있어야 합니다. 하지만 은하단에서 관측되는 항성과 가스의 총량은 이 정도 속도를 설명하기에 턱없이 부족하지요. 게다가 규모가 큰 은하단에서 나타나는 중력렌즈효과는 은하의 질량으로 말미암은 효과를 훌쩍 넘어섭니다. 광학적 관측을 통해 계산한 은하단의 총 질량은 태양의 1조~10조 배 정도인데 반해 운동학적 질량은 태양의 100조 배를 가뿐히 넘기는 경우가 많기 때문이죠. 이처럼 여러 천문학적 현상을 통해 아직 관측할 수 없는 미지의 물질이 존재한다는 사실을 알 수 있습니다.

하지만 암흑물질의 정체에 관해서는 이런저런 가설만 존재합니다. 과학자들이 암흑물질 후보를 다양하게 제시했으나 만족스러운 결론을 얻지 못했지요. 중성미자는 다른 입자와 거의 상호작용하지 않는 특징 때문에 한때 유력한 암흑물질 후보로 꼽혔습니다. 그러나 중성미자는 매우 빠른 속도로 이동하기 때문에 만약 암흑물질이 중성미자의 특성을 가졌다면 은하 전체를 감싸고 있는 은하헤일로Galactic halo 같은 우주거대구조large scale structure of the universe가 형성될 수 없습니다. 따라서 중성미자는 암흑물질 후보에서 제외되었죠. 한편 관측 결과가 점점 정밀해지면서 암흑물질 후보에 관한 이론적 모형도 점점 복잡해지고 있습니다. 그래서 현재 제시되는 이론적 아이디어 대부분이 틀렸을 것이라는 비관적 관점도 존재합니다.[6]

현대우주론에서는 암흑물질뿐 아니라 미지의 에너지인 암흑에너지dark energy 개념도 등장했습니다. 암흑물질과 일반 물질만으로는 우주의 가속 팽창을 설명할 수 없기 때문입니다. 우주 팽창 현상이 발견된 뒤 성립된 고전적 우주론에 따르면 팽창하는 우주에서 은하들이 점점 멀어지면서 서로의 상대속도는 점점 줄어들어야 합니다. 우주가 팽창하면 은하단끼리 잡아당기는 중력이 지속적으로 줄어들기 때문에 우주의 팽창 속도가 점점 감소해야 하는 것이죠. 그러나 실제 우주의 팽창 속도는 증가하고 있다는 사실이 발견되자 팽창을 가속시키는 미지의 에너지를 '암흑에너지'라고 부르게 되었습니다. 아직까지는 우주의 팽창 현상을 설명하기 위해 암흑에너지의 존재를 가정하는 수준이기 때문에, 학계에서는 이 이질적인 에너지가 실존하는지 아니면 다른 여러 요인이 겹쳐져 이러한 현상을 유발하는지를 두고 의견이 분분합니다.

우주가 팽창할수록 암흑에너지가 끼치는 영향은 커질 것입니다. 일반 물질과 암흑물질은 우주가 팽창하면서 밀도가 작아지지만 암흑에너지는 밀도의 변화가 없기 때문이지요. 또한 물질과 암흑에너지의 비율은 고정된 값이 아니며 우주의 나이에 따라 변합니다. 지금까지의 관측 결과에 따르면 우주에서는 일반 물질이 4.84퍼센트, 암흑물질이 약 25.8퍼센트, 암흑에너지가 약 69.2퍼센트를 차지하고 있습니다.[7] 현재 기술로 관측할 수 있는 일반 물질은 5퍼센트밖에 되지 않고 나머지 95퍼센트의 질량은 물리학적 특성조차 파악하지 못하고 있다는 뜻이지요.

암흑물질과 암흑에너지는 현대과학기술이 우주를 이루는 물질과 에너지에 관해 모르는 것이 까마득하게 많다는 사실을 보여줍니다. 하지만 이만큼 모른다는 사실을 아는 것 자체만으로 의미가 있을 수도 있지요. 적어도 모든 것을 알고 있다고 자만하다가 새로운 발견에 세상이 뒤집어질 가능성은 줄어들지 않을까요?

4장

정말 다 알 수 없는가

현대물리학의
두 번째 도전

아주아주 큰 세계와 아주아주 작은 세계

현재 이론물리학에 남아 있는 큰 과제 중 하나는 거시세계에서의 중력을 서술하는 '일반상대성이론'과, 중력을 제외한 3가지 기본 힘(전자기력, 약력, 강력)을 원자 규모에서 다루는 '양자역학'을 합치는 것입니다. 중력과 다른 입자물리학의 힘을 하나로 통일하는 '통일장 이론unified field theory'은 아인슈타인의 마지막 꿈이었습니다. 다른 3가지 힘에 비해 중력은 약한 힘이기 때문에 원자보다 작은 수준에서는 중력의 영향을 무시할 수 있습니다. 또한 3가지 힘은 높은 에너지에서 '양자장론quantum field theory' 효과로 말미암아 하나의 힘으로 통일될 수 있음이 밝혀졌지만 중력은 높은 에너지에서 양자장론이 적용되지 않습니다. 한편 일반상대성이론에서는 시공간이 물질에 연동되어 변합니다. 물질이 없으면 시공간도 없으며 물질의 질량과 에너지에 따라 시공간이 변하지요. 반면 양자역학에서는 시공간이 뉴턴의 관점에서처럼 절대적이고 변하지 않습니다. 절대 시간과 절대 공간의 좌표에서 양자 세계가 나타나는 것이지요.

결국 일반상대성이론과 양자역학을 통합하려면 '중력을 양자화할 수 있는가?'라는 질문에 답할 수 있어야 합니다. 일반상대성이론에 따르면 중력은 시공간의 휘어짐과 연관이 있으므로 중력이 없는(질량이 없는) 상황에서는 공간이 완전히 평평합니다. 반면 양자역학에서는 질량이 없더라도 아주 작은 길이 단위에서 양자적 요동 때문에 시공간이 비틀어집니다. 사실 이렇게 두 이론이 충돌하는 상황은 아주 특수합니다. 우리가 보통 알고 있는 공간이 더 이상 존재하지 않게 되는 크기인 플랑크 길이(약 1.62×10^{-35}미터)에서만 나타나는 현상이지요. 플랑크 길이에서 두 이론을 통합하면 확률이 무한으로 발산하기 때문에 아무런 의미가 없어집니다.[8]

양자역학과 일반상대성이론을 통합하기 위해 '양자중력이론quantum gravity theory'이 새롭게 등장했습니다. 초끈이론super-string theory이나 루프양자중력이론loop quantum gravity theory이 대표적인 사례이지요. 초끈이론은 양자역학에서 출발해 일반상대성이론까지 아우르려고 하며, 모든 물질의 기본단위가 입자가 아닌 끈string이라는 일종의 진동 모드라고 설명합니다. 이런 끈이 진동하려면 어느 정도 공간이 필요한데 이 공간의 크기가 공간의 최소 길이가 됩니다. 반면 루프 양자 중력 이론은 일반상대성이론에서 출발해 양자 세계까지 다루려는 이론입니다. 이 이론에 따르면 공간은 작은 고리 곧 루프loop로 구성되어 있으며 이 루프가 시공간을 포함해서 우리가 우주에서 보는 모든 것을 구성하는 블록입니다.

초끈이론을 더 자세하게 살펴봅시다. 우선 초끈이론에서 string(끈)에 super(초)라는 접두어가 붙는 이유는 끈이론 대부분이 초대칭supersymmetry을 가정하기 때문입니다. 초대칭은 페르미온 입자와 보손 입자가 서로 짝을 이루어 변환이 가능하다는 개념입니다. 스핀이란 입자가 가진 고유한 각운동량 곧 회전하는 성질을 말하는데, 양자역학 계산에 따라 보손은 정수 스핀을 갖는 반면 페르미온은 반정수(2분의 1, 2분의 3) 스핀을 가집니다. 또한 정수 스핀을 갖는 보손은 360도 회전시켰을 때 원래 상태로 돌아오는 반면 반정수 스핀을 갖는 페르미온은 360도 회전했을 때 원래 상태와 반대가 됩니다. 다시 말해 회전에 따라 (+), (−)값이 달라지는 게 페르미온의 특징입니다.

초끈 이론에서는 입자가 점이 아니라 매우 작은 1차원 끈이라고 가정합니다. 이 끈들이 진동하는 방식에 따라 서로 다른 입자로 나타난다는 개념이지요. 다시 말해 진동 방식에 따라 특정 모드에서는 보손이, 다른 모드에서는 페르미온이 생성됩니다. 따라서 초끈이론이 두 입자를 모두 설명할 수 있으려면 결론적으로 페르미온과 보손이 변환 가능하다는 초대칭이 필요합니다. 그러나 아직까지 자연에서 초대칭이 발견된 사례는 없습니다.

사실 초끈이론은 이름만 이론일 뿐 가설에 가깝다는 의견이 지배적입니다. 기본적으로 증명이 완료되어야 이론이 되는데 초끈이론은 현재 아무것도 계산할 수 없을뿐더러 실험적 증거도 전혀 없기 때문이지요. 우선 이론에서 다루는 끈의 크기가 약 10^{-35}미터로 쿼크보다도 10^{-8}배 작습니다. 맨눈으로 나노세계를 관측하기 위해 전자현미경이라는 새로운 기술이 필요했듯이 초끈을 직접 보려면 혁신적인 기술이 필요합니다. 게다가 실험적 검증을 위해 필요한 장비를 현대기술로 만들기가 사실상 불가능에 가깝습니다. 태양계만 한 입자가속기가 있어야 초대칭 입자를 만들 수 있기 때문이지요.

또한 초끈이론에서는 우주가 10차원 시공간으로 존재한다고 주장합니다. 10차원을 1차원의 시간과 9차원의 공간이 결합된 것이라고 할 때 애초에 우리가 경험하는 물리세계인 4차원(3차원 공간+시간)을 뺀 나머지 차원을 관측할 방법이 없습니다. 물리학자들은 남은 차원들이 돌돌 말려서 숨어 있다고 해석하는데, 아직까지 누구도 여분의 차원을 관측하지 못했을 뿐 아니라 관측할 방법도 없는 게 현실입니다.

루프 양자 중력 이론은 일반상대성이론을 수정해 양자역학과 더 잘 호환되도록 접근합니다. 이 이론에서는 양자역학적 방식으로 서로 상호작용하는 작은 루프로 공간이 구성되어 있다고 제안합니다. 이때 핵심은 루프들이 공간 속에 있는 게 아니라 루프 그 자체가 공간이라는 점입니다. 다시 말해 실제로는 공간이 존재하지 않고 입자, 장, 중력장을 이루는 루프와의 상호작용만이 존재한다는 것이죠. 따라서 중력장을 이루는 양자 또는 원자는 루프 그 자체라고 할 수 있습니다.

이 이론의 문제점은 실제 양자 중력 효과가 나타나는 크기를 관측할 기술이 없다는 것입니다. 앞서 말했듯이 루프의 크기는 플랑크 길이인 약 10^{-35}미터 수준입니다. 나노미터가 10^{-9}미터임을 고려하면 나노에서 다시 나노를 보는 수준을 4번 반복해야 겨우 관측이 가능한 크기인 것이죠. 또한 현재 에너지 입자가속기로 접근할 수 있는 범위보다 훨씬 작고 막대한 양의 에너지가 필요합니다. 따라서 실험 데이터 없이 사고실험을 통한 이론적 예측만 가능하지요.

과학자들의 꿈, 모든 것의 이론

양자역학과 상대성이론의 탄생에 지대한 영향을 끼쳤던 아인슈타인이 말년에 고민한 문제가 하나 있었습니다. 바로 통일장 이론 unified field theory입니다. 그는 자연에 존재하는 4가지 힘을 하나의 장으로 표현할 방법을 찾고 있었고, 중력 이론을 완성한 뒤에 중력과 전자기력을 통합하려고 했지만 성공하지 못했습니다. 또한 아인슈타인의 통일장 이론에는 4가지 힘 중 약력과 강력은 빠져 있습니다.

과학자들은 여전히 4가지 힘을 통합시킬 방법을 찾고 있습니다. 1970년대에는 약력과 전자기력이 통합될 수 있다는 사실이 밝혀졌습니다. 온도가 10^{15}도일 때 가능한 일이지만 말입니다. '대통일 이론grand unified theory'에서는 이렇게 합쳐진 전자기-약력에 강력을 더합니다. 세 힘은 10^{28}도라는 아득한 조건에서 같아질 것으로 추산되죠. 마지막으로 대통일 이론에 중력을 합친 것이 바로 '모든 것의 이론theory of everything'입니다. 이름 그대로 자연에 존재하는 모든 힘을 설명할 수 있는 이론이지요.

　　전자기력과 강력과 약력을 합치는 대통일 이론을 실현하려면 엄청난 에너지가 필요합니다. 스위스와 프랑스 국경에 세계에서 가장 큰 입자가속기가 있는데, 지금 그 기계가 낼 수 있는 최대 에너지의 1,000억 배가 필요하다고 알려져 있지요. 4가지 힘을 몽땅 합치는 '모든 것의 이론'에 필요한 에너지는 그보다 훨씬 더 클 것입니다. 현재 세계 최대 입자가속기의 길이가 27킬로미터인데 '모든 것의 이론'을 위해서는 빛이 1,000년 동안 움직일 길이가 필요합니다.

　　4가지 힘이 합쳐지는 순간은 빅뱅이 시작되었던 순간이나 블랙홀의 특이점 같은 극단적인 상황이기 때문에 구현하기 어렵습니다. 빅뱅 이론에 따르면 지금의 우주는 아주 작은 한 점에서 팽창해서 만들어졌고 극초기 우주는 상상할 수 없을 정도로 고밀도 상태였습니다. 블랙홀의 특이점 또한 거대한 질량이 어마어마하게 작은 영역에 뭉쳐져 있는 경우입니다. 이 정도 환경이 되어야 중력에 의한 시공간의 왜곡이 양자역학을 변형시키고 중력, 전자기력, 약력, 강력을 하나의 법칙으로 비로소 통합시킬 수 있는 것이죠.

　　신기한 건 모든 것을 설명할 수 있는 이론이 오히려 자연을 설명하기 더 어려워지는 쪽으로 나아간다는 점입니다. 맨 처음 과학이라는 개념이 탄생했을 때에는 신화적 이야기를 벗어나 합리적인 설명을 시도했습니다. 하지만 점차 과학이 발전하고 복잡해지면서 어느 순간부터 모든 것을 설명하기 위해 추상적인 상상의 영역으로 향하고 있다는 생각이 듭니다. 우리가 알지 못하는 과학 지식이 많다는 점은 아직 과학자들이 할 일이 많다는 일말의 안도감을 주기도 하지만 동시에 그만큼 '우리가 우주에서 정말 작은 존재에 불과하구나'라는 아득함을 느끼게도 합니다.

나가며

내일로 나아가기 위한 과학적 태도

헤시오도스부터 현대과학까지 2,000년이 넘는 세월 동안 과학은 눈부시게 발전했습니다. 과학의 씨앗이 움트던 순간부터 자연현상이 아무리 복잡해 보여도, 또한 과거의 지식이 아무리 견고해 보여도 호기심을 품고 질문을 던지는 사람들이 있었습니다.

과학을 통해 자연을 체계적으로 설명할 수 있게 되면서 우리는 과거보다 훨씬 더 나은 삶을 누리고 있습니다. 하지만 과학이 만능은 아닙니다. 과학기술이 발전하면서 나타난 부정적 영향을 어떻게 해결해나갈지는 과학자뿐 아니라 사회 구성원 모두가 고민해야 할 문제입니다. 앞으로 새로운 고민과 질문이 생겨날 것이고 그것을 해결하기 위해 도전하는 사람들이 등장하겠죠.

과학은 조금씩 그러나 분명히 앞으로 나아가고 있습니다. 사회를 살아가는 수많은 사람이 각자의 위치에서 최선을 다하면서 세상이 조금씩 나아지고 있듯이 말입니다. 결국 우리에게 중요한 것은 단순한 지식이 아니라 끝없이 의심하고 질문하는 과학적 태도가 아닐까요? 격동하는 과학과 세상을 촘촘하게, 제대로 바라보기 위해서 말입니다. 세상이 옳다고 말하는 답을 끝없이 의심해보고 스스로 이해하려고 노력해본다면, 그 자체로 미래에 한 걸음 가까워지게 될 것이라고 생각합니다.

주석

1부. 복잡한 세상을 꿰뚫는 질문
1. 나카야 우키치로, 김수희 옮김,《과학의 방법》, AK(에이케이커뮤니케이션즈), 2019.
2. 노에 게이치, 이인호 옮김,《과학인문학으로의 초대》, 오아시스, 2017, pp. 14~17.
3. 정인경,《모든 이의 과학사 강의》, 여문책, 2020, p. 52.
4. 정인경, 위의 책, 2020, pp. 55~57.
5. 노에 게이치, 위의 책, 2017, p. 34.
6. 노에 게이치, 위의 책, 2017, p. 44.

2부. 신의 질서에 도전하다
1. 프랜시스 베이컨, 진석용 옮김,《신기관》, 한길사, 2016, p. 143.
2. 르네 데카르트, 이현복 옮김,《방법서설》, 문예출판사, 2019, pp. 55~56.
3. 정인경,《모든 이의 과학사 강의》, 여문책, 2020, pp. 165~167.
4. 토마스 아퀴나스,《신학대전》제1권 제1문제 5절, 두 번째 해답(Reply Obj. 2). https://www.gutenberg.org/cache/epub/17611/pg17611-images.html
5. 니콜라우스 코페르니쿠스, 민영기·최원재 옮김,《천체의 회전에 관하여》, 서해문집, 1998, pp. 11~12.
6. Thomas Kuhn, *The Copernican Revolution*, Harvard University Press, 1957, p. 191.
7. Prentice Hall, *Astronomy Today*, 3rd edition, Chaisson&McMillan, 1990, pp. 77~79.
8. *Nature* Vol. 456, Issue 7222, 2008.12.04.

9. John Gribbin, *Science: A History*, 1st ed., 2010, pp. 72~73.
10. Noel Swerdlow, "Astronomy in the Renaissance," pp. 187~230 in Christopher Walker, ed., *Astronomy before the Telescope*, London: British Museum Press, 1996, pp. 207~210.
11. 제임스 빌켈, 박영준 옮김, 《행성운동과 케플러》, 바다출판사, 2006.
12. James Reston, *Galileo: A Life*, Beard Books, 2000.
13. 정인경, 앞의 책, pp. 204~207.
14. 권홍우, 〈가장 난해하고 중요한 책, '프린키피아'〉, 《서울경제》, 2017.07.05. https://www.sedaily.com/NewsView/1OICUIZDD2

3부. 정복을 꿈꾸다

1. Yuval Noah Harari, *Sapiens: A Brief History of Mankind*, Harper Perennial, 2018, p. 339.
2. 서울대자연과학대학교, 최재천·홍성욱 공편, 《과학, 그 위대한 호기심》, 궁리, 2002, p. 182.
3. 정인경, 《모든 이의 과학사 강의》, 여문책, 2020, pp. 312~314.
4. 이창욱, 〈다윈은 용불용설을 부정하지 않았다?〉, 《동아사이언스》, 2023.09.30. https://m.dongascience.com/news.php?idx=61806
5. Charles Darwin, *On the Origin of Species*, 1st Edition, 1859. https://www.gutenberg.org/files/1228/1228-h/1228-h.htm#chap03
6. 홍성욱, 《홍성욱의 STS, 과학을 경청하다》, 동아시아, 2016, pp. 220~224.
7. 정동욱, 《패러데이&맥스웰: 공간에 펼쳐진 힘의 무대》, 김영사, 2010.
8. 타케우치 아츠시, 김현영 옮김, 《고교수학으로 배우는 맥스웰의 방정식》, 홍, 2003, p. 112.

4부. 한계 너머

1. 아널드 브로디·데이비드 브로디, 김은영 옮김, 《인류사를 바꾼 위대한 과학》, 글담, 2018, pp. 112~114.
2. 아널드 브로디·데이비드 브로디, 위의 책, p. 123.

3. 이상욱, 〈[과학의 결정적 순간들] 1900년 베를린, 플랑크의 '양자 혁명'〉, *HORIZON*, 2019.04.25. https://horizon.kias.re.kr/9572/
4. 아널드 브로디·데이비드 브로디, 위의 책, pp. 394~396.
5. 아널드 브로디·데이비드 브로디, 위의 책, pp. 402~406.
6. 아널드 브로디·데이비드 브로디, 위의 책, pp. 209~211.
7. 아널드 브로디·데이비드 브로디, 위의 책, p. 230.

5부. 가보지 않은 길

1. 김기문, 최지원 편, 〈가장 작은 기계를 합성하다〉, 2016.11.01. https://www.dongascience.com/news.php?idx=14392
2. 김재영, 〈가속기의 과학 [3]: 방사광 가속기〉, *HORIZON*, 2020.11.04. https://horizon.kias.re.kr/15887/
3. 마크 패트릭, 〈인공지능 시스템의 핵심 '인공 신경망'〉, 《AI타임스》, 2021.06.03. https://www.aitimes.com/news/articleView.html?idxno=138838
4. 이창욱, 〈[프리미엄리포트] 10년간 힉스 입자 1000만개의 외침 "표준모형이 옳다"〉, 《동아사이언스》, 2022.12.17. https://m.dongascience.com/news.php?idx=57601
5. 윤신영, 〈우주는 유령이 지배한다, 암흑물질이라는 유령이…〉, 《한겨레》, 2015.07.17. https://www.hani.co.kr/arti/science/science_general/700753.html
6. 박성찬, 〈암흑물질의 재발견: 보이지 않는 다섯 배의 우주〉, *HORIZON*, 2021.11.17. https://horizon.kias.re.kr/19313/
7. 2018 Particle Physics Booklet, extracted from M. Tanabashi et al., *Review of Particle Physics*, Rev. D 98, 030001, 2018, pp. 10~11. https://pdg.lbl.gov/2018/reviews/rpp2018-rev-astrophysical-constants.pdf
8. 박권, 〈믿기 힘든 양자〉, *HORIZON*, 2021.07.26. https://horizon.kias.re.kr/18216/

그림 출처

그림 1. 탈레스의 초상화
https://commons.wikimedia.org/wiki/File:Illustrerad_Verldshistoria_band_I_Ill_107.jpg

그림 2. 〈아테네 학당〉(일부) 속 플라톤과 아리스토텔레스
https://commons.wikimedia.org/wiki/File:Scuola_di_Atene_(cropped).jpg

그림 3. 〈구상 8〉
https://commons.wikimedia.org/wiki/File:Vassily_Kandinsky,_1923_-_Composition_8,_huile_sur_toile,_140_cm_x_201_cm,_Mus%C3%A9e_Guggenheim,_New_York.jpg

그림 6. 갈릴레이가 발견한 목성의 4개 위성
https://commons.wikimedia.org/wiki/File:The_Four_Galilean_Moons_of_Jupiter_(16644423011).jpg

그림 13. 전자기장
https://commons.wikimedia.org/wiki/File:DipolMagnet.svg

그림 17. 흑체복사 현상
https://commons.wikimedia.org/wiki/File:Black_body_realization.svg

그림 23. 전자현미경으로 얻은 적혈구, 혈소판, 백혈구 이미지
https://commons.wikimedia.org/wiki/File:Red_White_Blood_cells.jpg